植物生物技术综合实验

林忠旭　杨细燕　主编

科学出版社
北京

内 容 简 介

　　本教材是《植物生物技术》(第二版)(张献龙主编)的配套实验教材,针对教材中的 3 个模块:分子标记技术与基因定位、基因克隆与载体构建、植物组织培养与遗传转化,设计综合实验,以达到加强巩固理论知识的目的。通过综合实验锻炼学生大局科研思维和实验技能。

　　本书可作为高等农林院校农学相关专业实验课教材,也可作为研究生和科技人员的参考书。

图书在版编目(CIP)数据

　　植物生物技术综合实验/林忠旭,杨细燕主编. —北京:科学出版社,2021.6

　　ISBN 978-7-03-068417-2

　　Ⅰ.①植⋯ Ⅱ.①林⋯ ②杨⋯ Ⅲ.①植物学－生物学－实验－高等学校－教材 Ⅳ.① Q94-33

　　中国版本图书馆 CIP 数据核字(2021)第047799号

责任编辑:丛　楠　赵萌萌/责任校对:张小霞
责任印制:张　伟/封面设计:迷底书装

科 学 出 版 社 出版
北京东黄城根北街 16 号
邮政编码:100717
http://www.sciencep.com
北京凌奇印刷有限责任公司 印刷
科学出版社发行　各地新华书店经销
*
2021年6月第 一 版　开本:720×1000 1/16
2022年1月第二次印刷　印张:8
字数:162 000
定价:29.80 元
(如有印装质量问题,我社负责调换)

《植物生物技术综合实验》
编写委员会

主　编　林忠旭　杨细燕

编　委　（按姓氏笔画排序）

刘克德　刘智捷　杨细燕　张书芹

张椿雨　陈　鹏　林忠旭　易　斌

前　　言

植物生物技术是一门现代生物技术和分子生物学理论方法在植物学研究领域应用的学科，主要包括植物组织培养技术、植物遗传转化技术、基因操作技术和分子标记技术等。实践教学是该门课程重要的组成部分，它不仅能夯实本科生理论基础、培养学生实践动手能力，也是培养学生进行科技创新设计、综合利用所学知识分析解决实际问题、培养创新性思维和能力的重要途径，在植物生产类专业复合创新型人才培养中占有重要地位。

《植物生物技术综合实验》是在《植物生物技术实验》的基础上深化而来的。该实验教材经历了三个阶段。第一阶段：2003 年华中农业大学开设植物生物技术实验课，主要作为《植物生物技术》（2004 年，张献龙和唐克轩主编）理论课的辅助，强化理论教学的重点和难点内容，实验课程依托棉花研究团队，采用的教材为棉花团队的操作手册。第二阶段：为了满足新型农业科技创新型人才培养的需要，2012 年华中农业大学独立开设"生物技术综合实验"课程，主要包括"植物生物技术""分子生物学""发育生物学"等课程中的实践教学内容，已退休的教研室主任刘焰副教授、时任教研室主任张祖新教授、副院长刘克德教授和副校长张献龙教授对实验内容的设置提出了宝贵意见。2013 年由华中农业大学遗传教研室起草出版了校内适用的《生物技术实验操作指南》，包括 15 个实验，参与编写的人员有林忠旭、龙艳、葛贤宏、范楚川和易斌，杨细燕对整个操作指南进行了校对。此时教学团队成员已开始策划综合实验教学体系。第三阶段：在前期已有雏形的基础上，教学团队成员在湖北省教学改革项目及各类校级教学改革项目的支持下，经过多年的实践，形成了一套综合实验体系并应用于实验教学，本实验指导书也应运而生。在本书中，刘智捷、易斌和刘克德完成综合实验一的编写，陈鹏和张椿雨完成综合实验二的编写，杨细燕、张书芹和林忠旭完成综合实验三的编写，最后由林忠旭统一校稿。

本书以综合实验的形式出现，三个相对独立的综合实验下设若干小实验并可独立开展课程。综合实验一：突变体的遗传分析及基因定位，该实验涵盖遗传群体的构建、表型观察、DNA 提取与分子标记分析、BSA 法基因定位，通过本综合实验的实践，学生可以掌握基因定位的基本原理和研究方法。综合实验二：植物表达载体的构建，该综合实验是综合实验一的延续，为了便于后期观察，该实验中没有将候选基因连接到载体，而是直接使用红色荧光蛋白基因，通过本综合实验，学生可以掌握目的基因的获得、引物设计和 PCR 扩增、大肠杆菌感受态的制备与转化、重组子的筛选及阳性鉴定、质粒的酶切鉴定、植物表达载体的构建等分子克隆实验，为综合实验三奠定基础。综合实验三：植物遗传转化及转基因后代的分子检测，承接综合实验二，将构建好的载体通过农杆菌介导的遗传转化方法转化植物，获得转基因植株，并进行转基因后代的阳性检测、RNA 和蛋白质表达检测，通过本综合实验，学生可以掌握基因功能验证的基本方法。三个综合实验可以进一步汇总成一个完整的实验项目，涵盖基因定位与克隆、载体构建与转化以及基因功能验证，可以全方位培养学生的科研素养。

　　学生基本技能和动手能力的培养离不开实验课上的训练，很多理论知识都需要到实验课上去验证和实践。而实验课教材是开好实验课的基本条件之一。目前，针对农林院校本科生的植物生物技术实验教材比较缺乏。为了加强本学科的教材建设，促进本学科实验课的开设，我们参考了国内外最新的有关植物生物技术实验的专著，根据农林院校学生的特点及我们自己现有的基础和条件，特选择了部分实验内容，并整合我校不同作物研究团队的资源与优势，汇编成了《植物生物技术综合实验》教材。在使用过程中，可根据不同的层次适当增减实验授课，华中农业大学植物科学技术学院遗传教研室也愿意为开设相关课程的单位提供支持。

编　者

2020 年 8 月于狮子山

目　　录

突变体的遗传分析及基因定位

一、综合实验目的

本综合实验以基因克隆的原理与方法为依据，设计 7 个分实验，实验彼此联系并且呼应。从拟南芥的种植与杂交开始，依次完成表型、基因型数据的获取，从而最终定位到突变基因在染色体上的位置。这一综合性实验可以帮助学生掌握表型测定、DNA 提取、PCR 和 PAGE 凝胶电泳、数量性状基因座（QTL）作图的原理和方法。同时，也可以让学生从一个整体的角度审视这一综合实验，清楚每个实验间的联系和实验目的，从而培养学生的全局观。

二、综合实验原理

1. 基因定位的基本原理

基因定位是指利用标记技术将基因定位在某一特定的染色体上，确定基因在染色体上线性排列的顺序和位置。利用未知基因与已知标记基因之间的连锁率 / 交换率，将未知基因定位在特定染色体的目标区间内，位于两个尽量近的标记基因之间。

2. BSA 法的基本原理

分离体分组混合分析法又称混合分组分析法（bulked segregant analysis，BSA 法），首先从一对携带目标基因且具有表型差异的亲本所产生的分离群体中，根据目标基因的表型分别选取一定数量的植株，构成两个亚群或集团。将每个亚群的 DNA 等量混合，形成两个相对性状的"基因池"（gene pool），然后用合适的分子标记对两个基因池进行分析，获得与目标性状基因座位连锁的多态性分子标记。在获得了与目标基因相连锁的分子标记以后，可以利用某一作图群体进行分析以便进一步检测所得分子标记与目标性状基因的连锁程度，以及其在某已知分子图谱中或染色体上的位置，这样才能完成真正意义上对基因的标记定位，如下图所示。由于建池时使用了特定的分离群体，并且在分组时仅对目标性状进行选择，这样可以保证其他性状的遗传背景基本相同，两个基因池之间理论上主要在目标基因区段存在差异，因此两基因池又被称为近等基因池，这就排除了环境及人为因素的影响，使研究结果更为准确、可靠。BSA 法克服了很多作物难以得到

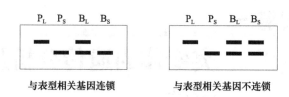

与表型相关基因连锁　　　　　　与表型相关基因不连锁

BSA 法筛选连锁标记原理的示意图

P_L 为长根亲本；P_S 为短根亲本；B_L 为长根混合池；B_S 为短根混合池

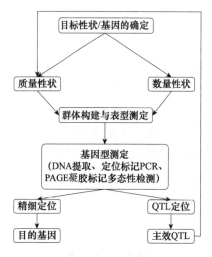

目标基因定位的技术路线图

近等基因系的困难，并且比近等基因系法省时、省力，是一种非常实用的基因标记定位的方法，应用非常广泛。

三、综合实验设计

实验设计如左图所示。

实验一　拟南芥种植、生长发育及杂交

一、实验目的

1. 了解拟南芥生长发育的基本条件和基本生物学特征。
2. 通过学习控制光、温等条件来培养模式植物拟南芥。
3. 掌握拟南芥的种植方法及杂交的过程与方法。

二、实验原理

拟南芥（*Arabidopsis thaliana*）属被子植物门双子叶植物纲十字花科植物，拟南芥基因组大约有 12 500 万碱基对和 5 对染色体。拟南芥的优点是植株小、结子多，为自花授粉植物，基因高度纯合，用理化因素处理突变率很高，容易获得各种代谢功能的缺陷型植株。因此，拟南芥是进行遗传学研究的好材料，被科学家誉为"植物中的果蝇"。

1. 播种和发芽

将播有种子的容器移至相应低温条件下，在 2～4℃下放置 2～4 d，从而在吸胀条件下破除种子休眠，这对新鲜收获的拟南芥种子来说尤为必要。大多数拟南芥品系的种子是中度休眠的，收获已久的这类生态型的拟南芥种子可免于低温处理，而有些生态型甚至需长达 7 d 的低温处理。干种子的低温处理往往是无效的。

低温处理后，将容器移至温室或生长室，在 22℃ 左右培养发芽，夜温可比日温低 2℃，用 2000 lx 的荧光灯给予光照，光周期为 8 h 光 /6 h 暗（也可 24 h 光照），在 5 d 左右可见拟南芥发芽。拟南芥发芽需光，故应防止种子被土覆盖。

2. 生长发育条件的控制

拟南芥一般是冬性一年生植物，自然条件下种子在秋天发芽，幼年期在冬天度过，花分生组织在春季分化，种子在夏季成熟脱落。大多数实验室栽植的拟南芥品种在发芽 4 周后开花，而在开花后 4～6 周内采集种子。不同生态型拟南芥的发育进程、开花时间、成熟时间等除了取决于遗传性以外，也受外界环境条件的影响。

1）光

光对拟南芥生长的影响涉及光强度和光周期两个方面。从光强度方面来说，在生长室中一般最适合的光强度为 120～150 µmol/（m² · s），这可通过荧光灯配以白炽光来达到。在夏天温室中，60% 遮阴有助于光强控制和温度调节，较老植株可以忍受高光强或直接太阳光照射，而年幼植株则应避免强光。

拟南芥在连续照光和长日照下开花速度加快，短日照时开花过程被阻遏或延迟，这表明拟南芥开花需要长日照，光周期一般为 12 h 光 /12 h 暗。冬季在温室中可补充早晚的光照，以满足光周期需要，一般以 16 h 光照、8 h 暗期为宜。连续光照可促进生殖生长，略微提早开花，但使叶数减少及种子生成量降低，而较短日照有利于营养生长。

2）温度

拟南芥的最适生长温度为 25℃，稍低的温度也是允许的。当水分供应充足时，植物甚至能在温度高达 34℃ 时生长，但会减少受精。虽然较老的植株能忍受高温，但保持 25℃ 对整个植株生长周期是有利的。当种子形成时，生长室温度宜设定在 25℃，夜温比日温低 2～4℃ 为宜。

对于许多迟开花的拟南芥生态型来说，幼苗期要在 4℃ 左右处理一个时期（如几周），以完成春化作用，从而在长日照下促进开花。而对于常用的拟南芥生态型，如 Landsberg erecta（Ler）和 Columbia 则不需春化处理就能开花。必须注意这里的低温春化处理不同于播种时破除休眠的低温处理，破除休眠的低温处理又称层积处理（stratification）。

3）水分

在种子发芽后的头几周里，理想的供水是来自土壤毛细管由下至上的渗水，只有当土壤呈现干旱时才适时灌水。过量供水会引起土表藻类和真菌的生长。在拟南芥头两片真叶开始伸展之前必须避免干旱，当真叶长出后，灌水频率可相应减少，如每周一或两次。而在角果充实阶段必须保证水分供应，以利于种子形成。在角果成熟阶段浇水时最好待 90% 左右的穴盘或花盆干燥之后进行。土壤供水状况会影响拟南芥的生长发育。湿度的增加（如 50%～60%）会大大减少土表干旱的影响以及发芽幼苗脱水的危害，但一般来说，拟南芥植株包括幼苗都能忍受低湿度。处在莲座状阶段的植株可在不同湿度下生长，当长角果进入成熟阶段时，较低湿度（如<50%）是有利的。

4）营养

正常情况下无须供给营养物质，但是贫瘠的营养状况会降低植株高度，使它提早开花，并使种子着生减少。在生长发育的后期阶段补充营养物质会促进种子着生，并产生较健壮的植株。当植株呈现出轻微淡绿色时，表明营养供给不足，应立即施以营养物质，正常健壮的拟南芥植株是亮暗绿色的。

5）防止杂交

拟南芥是自花授粉植物，为了保持拟南芥品系的纯化，必须防止温室或生长室中各品系之间的杂交。为此可根据各自实验室条件进行设置，如保持生长环境的清洁，从而切断经昆虫媒介而导致的杂交途径。栽植时注意各品系之间的种植距离（如20 cm），从而防止不同品系的花互相接触。在长成植株后，可采取适当措施，防止植株倒伏，避免互相接触。

因此，人为恰当地调节光照和温度等条件是很好地控制拟南芥生长发育的关键。低温和长日照都有利于拟南芥的开花。如果希望拟南芥具有良好的营养体，则可通过适当缩短光照时间来实现；如果想使拟南芥的生育期提前，可以通过适当密植或延长光照时间来实现。

三、材料与用品

1. 实验材料

Ler 生态型拟南芥种子（野生型）、*rrg* 短根突变型拟南芥种子（突变型）。

2. 实验器具

小滤纸条、镊子、蛭石、田园土、一次性塑料杯子、杂交袋、托盘、光照培养箱等。

四、实验步骤

1. 拟南芥的种植

（1）将蛭石和田园土按 1∶1 混合，装入底部戳 4 或 5 个小孔的一次性塑料杯子内。

（2）将上述准备的盛有混合土的杯子放到托盘中。

（3）取小滤纸条对折并撮少许 Ler 生态型拟南芥种子和 *rrg* 短根突变型拟南芥种子，然后均匀地撒在沙土的表面，每种种子各自种一杯。

（4）待所有的种子都播种完成之后，用自来水浇灌直到一次性杯子内沙土的上表面完全被水浸湿为止。

（5）将播种并浇灌完成的一次性杯子连同托盘一起放到光照培养箱内，培养箱的温度设置为 22℃，光照时间为每天 12 h。

（6）适时浇水、观察（图 1-1）。

图 1-1　拟南芥的生育期

A. 1 周 2 片真叶幼苗；B. 2 周 4 片真叶幼苗；C. 3 周 8 片真叶幼苗；D. 4 周抽薹前期幼苗；
E. 5 周抽薹期成株；F. 盛花期成株；G. 花；H. 花絮；I. 种子

2. 拟南芥的有性杂交

（1）选择母本：选择刚刚能看见一点白色花苞的拟南芥作为母本。

（2）去雄：用消毒好的镊子小心去掉母本花的花萼（绿色部分），随后去掉花瓣（白色部分），最后去掉雄蕊（呈微黄色）。

（3）选择父本：选择花完全展开，呈十字状，雄蕊花药完全成熟（花药很黄，裂开有花粉）的拟南芥作为父本。

（4）人工授粉：用镊子夹住雄蕊柄部取下，在去雄后的母本花柱头上轻轻擦拭数次，套好杂交袋，并做好标记（包括父本、母本、杂交日期等）。注意：授粉最好在上午 10 点之前进行；母本花去雄后 1～2 d 授粉皆可。

（5）观察记录：2～3 d 后，如果柱头正在发育膨大，则表明杂交成功（图 1-2）。

五、注意事项

1. 选择母本时，一定要选用花苞适中的花朵作为母本。花苞过小，可能无法授粉，也不便于后续操作；花苞过大，可能已经散粉而无法进行杂交。

2. 母本去雄时，操作过程不要弄伤、弄折柱头及花茎，否则花将无法正常授

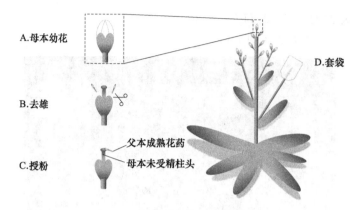

图 1-2　拟南芥杂交过程示意图

粉、发育，最终无法得到杂交种子。

3. 选择父本时，尽量选择较大、已经散粉但闭合的花苞，避免外界花粉的干扰而形成不知亲本来源的杂交后代。

六、实验结果与分析

1. 记录出芽时间、长出真叶时间以及开花的时间。
2. 统计杂交的成功率。

$$杂交的成功率 = \frac{得到荚果的花蕾数}{完成杂交的花蕾数} \times 100\%$$

七、思考题

如果想使拟南芥尽快开花，如何调节培养条件？

实验二　*rrg* 短根突变体的观察及遗传分析

一、实验目的

1. 进行相对性状的观察，掌握判断显性性状和隐性性状的方法。
2. 掌握质量性状的遗传分析方法和基本原理。
3. 掌握拟南芥无菌苗的种植方法。

二、实验原理

1. 显隐性的判定

两亲本杂交得到 F_1 后代，通过观察亲本、F_1 植株的表型来判定性状的显隐性。本实验中，*rrg* 突变体表现为短根表型，野生型表现为正常根表型。若 F_1 植株表现为正常根表型，则突变为隐性突变；若 F_1 植株表现为突变短根表型，则突变为显性突变。

2. 控制性状基因数目的判定

在分析清楚显隐性关系的基础上，F_1 植株自交得到 F_2 群体，对 F_2 群体单株的表型进行分析得到其分离比例，通过分离比例判断控制该性状的基因数量。

对于质量性状的基因数量分析，此处最多考虑两对基因的情况。若有更多基因共同参与该性状的形成，定位原理与方法我们将在"实验七　作图与 QTL 分析软件的使用"中介绍。

对于一对等位基因控制的性状，以实验中的长根（RR）和短根（rr）为例，在 F_2 代群体中，若基因表现为完全显性，则预期表型比例为长根（$R\_$）：短根（rr）＝3：1；若基因表现为不完全显性，则预期表型比例为长根（RR）：中长根（Rr）：短根（rr）＝1：2：1。也就是说，如果在 F_2 代群体中得到根长表现不同的个体，经过统计不同根长个体的频度分布，与预期表型比例的个体数进行卡方检测（χ^2 test）。若符合预期，则可认为此根长表型在当前群体中仅受一对主效基因控制；若不符合预期，则考虑是否有两对基因参与控制该表型的情况。

同样，我们假设基因 A 以及基因 B 都可以影响根长表型，当基因表现为完全显性时，则可以预期长根（$A\_B\_$）：中长根（A_bb）：中短根（$aaB\_$）：短根（$aabb$）＝9：3：3：1。统计 F_2 中根长表型数量，再与预期根长数量进行卡方检测。若符合预期，则认为该性状受两对基因共同控制；若不符合预期，还需考虑两对基因可能发生互作的情况，具体的互作类型以及对应的表型比例在表 2-1 中列出。若符合下列比例中的任一种，都可以认为该性状受两对基因共同控制。当然，若仍不符合，就需要考虑更多基因参与影响表型的情况，若有 3 对或 3 对以上基因参与控制该表型，在表型测量的过程中必然要进行更多的分类。很显然，对于一个性状，分类过多就很难把握每组间的差异，很难明确地分组。因此，我们把此类问题归入数量性状的研究中，将在后续的实验中详细讨论。

表 2-1　两对基因的互作类型及对应的表型比例

互作类型	$A\_B\_$	A_bb	$aaB\_$	$aabb$	表型比例
无互作	9	3	3		9：3：3：1
互补作用	9	7			9：7
积加作用	9	6		1	9：6：1
重叠作用	15			1	15：1
隐性上位作用	9	3	4		9：3：4
显性上位作用	12	3		1	12：3：1
抑制作用	12	3		1	13：3

注：灰度表示相同表型的数量之和

三、材料与用品

1. 实验材料

Ler 生态型拟南芥种子（野生型）、rrg 短根突变型拟南芥种子（突变型）、野生型与突变型杂交一代种子（F₁）、F₁自交获得的杂交二代种子（F₂）。

2. 实验器具

pH 计、灭菌枪头、灭菌牙签、灭菌滤纸片、方形培养皿、冰箱、光照培养箱、移液枪、离心管、塑料尺等。

3. 实验试剂

MS 粉、琼脂、75% 乙醇、95% 乙醇、灭菌双蒸水（ddH₂O）、NaOH 等。

四、实验步骤

拟南芥无菌苗的种植是为了方便观测及统计拟南芥野生型、突变型及其 F₁、F₂ 苗期根部表型。

（1）配制 MS 固体培养基：2.2 g MS 粉、5 g 蔗糖，加入 400 mL 灭菌 ddH₂O 溶解，用 NaOH 调 pH 至 5.8；加入 4 g 琼脂，定容至 500 mL，混匀灭菌，倒入方形培养皿中备用。

注意：培养基最好倒现用，不要长时间存放，否则容易染菌。

（2）种子表面消毒：取 4 个离心管，分别放入野生型、突变型、F₁、F₂ 种子各 20～30 粒，用 1 mL 75% 乙醇处理 30 s，缓缓吸出乙醇。

注意：此处可以以 4～6 人为一组，其中 3 组分别完成野生型、突变型和 F₁ 的消毒，而其他组都完成 F₂ 种子的消毒，以便于后期形成 F₂ 群体。

（3）用 95% 乙醇 500 μL 处理上述种子 1 min，吸出液体。

（4）用 500 μL 灭菌 ddH₂O 洗涤种子 2 或 3 次，在超净工作台中打开装有 MS 固体培养基的方形培养皿，方形培养皿盖子中放入一张灭菌过的滤纸片，将种子连同水一起倒在滤纸片上。

（5）播种：用灭菌枪头（10 μL）或灭菌牙签将消毒好的种子从滤纸片上转移至 MS 培养基上（图 2-1）。

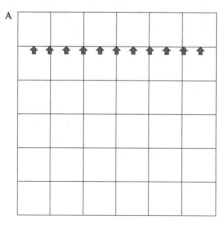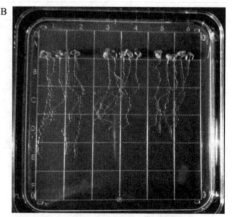

图 2-1　拟南芥种子点播示意图（A）和实例图（B）

注意：每个位置点播一粒种子，不要一穴多粒，同时保持无菌操作，此时是最容易污染的时候。

（6）播好种的方形培养皿放 4℃ 冰箱低温处理 1 d，然后竖直放于光照培养箱中培养。

（7）拟南芥材料根部表型观察及测定：以方形培养皿中种植种子的横线为基准，从反面用塑料直尺量取根的长度。

五、注意事项

1. 严格进行无菌操作，避免培养基污染。

2. 测量根长应沿根长方向，以最长根进行测量。

六、实验结果与分析

1. 观测并记录 Ler 野生型、rrg 短根突变型以及 F_1 个体表型，通过比对 F_1 表型判断控制根长基因的显隐性（图 2-2）。

2. 每位同学在所种方形培养皿中测量至少 8 株 F_2 植株的根长，并在测量的植株上标记相应数字编号，以备后续 DNA 的提取（图 2-3，表 2-2）。

Ler野生型　　　　　F_1个体表型　　　　　rrg短根突变型

图 2-2　Ler 野生型、rrg 短根突变型及 F_1 个体表型　　　　图 2-3　F_2 植株的根长表型

表 2-2　F_2 植株的根长表型统计表

编号	P_1-1	P_1-2	P_1-3	P_1-4	P_1-5	…	…
根长（cm）	2.6	2.8	2.5	2.7	1.2	…	…
表型	长根	长根	长根	长根	短根	…	…

注：P_1 为平板的编号，第二个平板为 P_2，第三个平板为 P_3……以平板加平板中植株个体顺序来进行编号，以保证后续 DNA 提取后可以回溯到其个体表型。通过统计表中表型的长根、短根数量的比例来判断控制根长的基因数目（卡方测验）

3. 通过卡方检测分析控制根长性状的基因数量。假设我们共测量 40 个单株，其中长根 32 株、短根 8 株。依据一对等位基因在 F_2 群体中的预期比例为 3:1，可以得到此次卡方测验中的预期数量为长根 30 株、短根 10 株。依据卡方计算公式：

$$\chi^2 = \sum \frac{(O-E)^2}{E}$$

其中，O 为观测值；E 为预期值。

计算可得到此处的卡方值为：

$$\chi^2 = \frac{(32-30)^2}{30} + \frac{(8-10)^2}{10} = 0.533$$

查下面的卡方表，n' 为自由度，此处有两个表型（长根和短根），因此自由度为 $(2-1)=1$；P 取值 0.05，若计算卡方大于查表值，则差异达到显著水平。此处因为 $\chi^2 = 0.533 < \chi^2_{n'=1,\ P=0.05} = 3.84$，结果表明差异未达到显著水平，可以认为符合只有一对基因控制根长性状的预期。

n'	P												
	0.995	0.99	0.975	0.95	0.9	0.75	0.5	0.25	0.1	0.05	0.025	0.01	0.005
1	…	…	…	…	0.02	0.10	0.45	1.32	2.71	3.84	5.02	6.63	7.88
2	0.01	0.02	0.02	0.10	0.21	0.58	1.39	2.77	4.61	5.99	7.38	9.21	10.60
3	0.07	0.11	0.22	0.35	0.58	1.21	2.37	4.11	6.25	7.81	9.35	11.34	12.84
4	0.21	0.30	0.48	0.71	1.06	1.92	3.36	5.39	7.78	9.49	11.14	13.28	14.86

七、思考题

如果在此实验中测量根长得到如下结果，控制此根长表型的基因有几对，表现为何种互作方式（$\chi^2_{1,0.05}=3.84$；$\chi^2_{2,0.05}=5.99$；$\chi^2_{3,0.05}=7.81$）？

编号	1	2	3	4	5	6	7	8	9	10	11	12	13	14	15	16
根长（cm）	2.2	1.6	1.1	2.5	2.3	2.2	1.7	1.5	2.5	2.3	1.4	2.2	2.2	2.4	1.6	2.1

实验三　植物基因组 DNA 的提取（CTAB 法）和凝胶检测

一、实验目的

1. 掌握植物总 DNA 提取的基本原理和方法，学习根据不同的植物和实验要求设计和改良植物总 DNA 的提取方法。

2. 掌握琼脂糖凝胶电泳的原理和操作方法。

3. 了解紫外分光光度法测定 DNA 浓度和纯度的原理。

二、实验原理

1. CTAB 法提取植物 DNA

通常采用机械研磨的方法破碎植物的组织和细胞，破碎的植物细胞匀浆含有多种酶类（尤其是氧化酶类），会对 DNA 的抽提产生不利影响，在抽提缓冲液中需加入抗氧化剂或强还原剂（如巯基乙醇）以降低这些酶类的活性。在液氮中研磨，材料易于破碎，并可抑制研磨过程中各种酶类的作用。

十二烷基肌酸钠（sarkosyl）、十六烷基三甲基溴化铵（hexadyltrimethyl ammomum bromide，CTAB）、十二烷基硫酸钠（sodium dodecyl sulfate，SDS）等离子型表面活性剂能溶解细胞膜和核膜蛋白，令核蛋白解聚，从而使 DNA 得以游离出来。再加入苯酚和氯仿等有机溶剂，能使蛋白质变性，并使抽提液分相，因核酸（DNA、RNA）水溶性很强，经离心后即可从抽提液中除去细胞碎片和大部分蛋白质，而留下含有核酸的上清液。在上清液中加入无水乙醇使 DNA 沉淀，沉淀分离后的 DNA 溶于 TE 缓冲液中，即得植物总 DNA 溶液。

2. 琼脂糖凝胶电泳

琼脂糖凝胶电泳是分离、纯化、鉴定 DNA 片段的典型方法，其特点为简便、快速。DNA 分子在高于其等电点的 pH 溶液中带负电荷，在电场中向正极移动。DNA 分子在电场中通过介质而泳动，除电荷效应外，凝胶介质还有分子筛效应，与分子大小及构象有关。对于线状 DNA 分子，其在电场中的迁移率与其分子量的对数值成反比。在凝胶中加入少量溴化乙锭（注意溴化乙锭有毒，需要防护），其分子可插入 DNA 的碱基之间，形成一种光络合物，在 254～365 nm 波长紫外光照射下，呈现橘红色的荧光，因此可对分离的 DNA 进行检测。电泳时以溴酚蓝及二甲苯青（蓝）作为双色电泳指示剂。其目的有：①增大样品密度，确保 DNA 均匀进入样品孔内；②使样品呈现颜色，了解样品泳动情况，使操作更为便利；③以 0.5×TBE 作电泳液时溴酚蓝的泳动率约与长 300 bp 的双链 DNA 相同，二甲苯青（蓝）则与 4 kb 的 DNA 相同。

带电荷的物质在电场中的趋向运动称为电泳。其中，凝胶电泳由于操作简单、快速、灵敏等优点，成为分离、鉴定和提纯核酸的首选标准方法。与蛋白质分子类似，核酸分子也是两性解离分子。在 pH 为 3.5 时，碱基上的氨基基团解离，而三个磷酸基团中只有第一个磷酸解离，整个分子带正电荷，在电场中向负极泳动；在 pH 为 8.0～8.3 时，碱基几乎不解离，磷酸全部解离，核酸分子带负电荷，向正极移动。不同大小和构象的核酸分子的电荷密度大致相同，在自由泳动时，各核酸分子的迁移率区别很小，难以分开。所以采用适宜浓度的凝胶介质作为电泳支持物，发挥分子筛的功能，使得分子大小和构象不同的核酸分子泳动速率出现较大差异，达到分离核酸的目的。如表 3-1 所示，线性 DNA 片段大小不同，所选择的琼脂糖凝胶浓度也有所不同，一般分离长片段使用低浓度的凝胶，分离短片段用高浓度的凝胶。需要注意的是，等长度的单链 DNA 和双链 DNA 在中性或碱性凝胶中的迁移速率大致相等。

表 3-1　琼脂糖凝胶的浓度与分离线状 DNA 分子的有效长度的对应关系

琼脂糖凝胶的浓度（%）	分离线状 DNA 分子的有效长度（kb）	琼脂糖凝胶的浓度（%）	分离线状 DNA 分子的有效长度（kb）
0.3	5～60	1.2	0.4～6
0.6	1～20	1.5	0.2～4
0.7	0.8～10	2.0	0.1～3
0.9	0.5～7		

1）影响泳动的四大因素

（1）电泳样品的物理性质。包括电荷多少、分子大小、颗粒形状和空间结构。一般来说，颗粒带电荷的密度愈大，泳动愈快；颗粒物理形状愈大，与支持物介质摩擦力愈大，泳动愈慢。即泳动速率与颗粒的分子大小、介质黏度成反比，与颗粒所带电荷成正比。在检测未知 DNA 分子量时，DNA 分子的空间构型不同，即使相同的分子量，其迁移速率也不同，如质粒 DNA 存在闭环（Ⅰ型，CC）、单链开环（Ⅱ型，OC）和线状（Ⅲ型，L）三种形式。三者之间的迁移速率，一般为Ⅰ型＞Ⅲ型＞Ⅱ型，但是有时也会出现相反的情况，这与琼脂糖浓度、电场强度、离子强度及溴化乙锭染料含量有关。当胶浓度较高或电场强度较大时，Ⅰ型 DNA 与Ⅲ型 DNA 互换位置，而Ⅱ型 DNA 总是迁移最慢。

（2）支持物介质。DNA 的凝胶电泳常使用两种支持材料：琼脂糖凝胶和聚丙烯酰胺凝胶。通过这两种介质的浓度变化调整所形成凝胶的分子筛网孔大小，分离不同分子量的核酸片段。琼脂糖凝胶的孔径大，可以分离长度为 100 bp～60 kb 的 DNA 分子；聚丙烯酰胺凝胶的孔径小，分离小片段（1～500 bp）DNA 效果最好。因此，选用不同的凝胶种类和浓度可以分辨大小不同的 DNA 片段。

（3）电场强度。电泳场两极间单位支持物长度的电压降即为电场强度或电压梯度。电场强度愈大，带电颗粒的泳动速率愈快，但凝胶的有效分离范围随电压的增大而减小。在低电压时，线状 DNA 分子的泳动速率与电压成正比。一般凝胶电泳的电场强度不超过 5 V/cm；对于大分子量真核基因组 DNA 片段的电泳常采用 0.5～1.0 V/cm 电泳过夜，以取得较好的分辨率和整齐的带型。电压 1000～2000 V、电场强度 20～600 V/cm 的电泳为高压电泳，必须用聚丙烯酰胺作介质。

（4）缓冲液离子强度。缓冲液是电泳场中的导体，它的种类、pH、离子浓度直接影响电泳的效率。Tris-HCl 缓冲体系中，由于 Cl⁻ 的泳动比样品分子快得多，易引起带型不均一现象，所以常利用 TAE、TBE 和 TPE 三种缓冲体系。缓冲液的 pH 直接影响 DNA 解离程度和电荷密度，缓冲液 pH 与 DNA 样品的等电点相距越远，样品所携带电荷量越多，泳动越快。DNA 电泳缓冲液常采用偏碱性或中性条件，使核酸分子带负电荷，向正极泳动。缓冲液的离子强度与样品泳动速率成反比，电泳的最适离子强度一般在 0.02～0.2 mol/L。

2）指示剂

电泳过程中，常使用一种有颜色的标记物以指示样品的迁移过程。核酸电泳常用的指示剂为溴酚蓝，溴酚蓝呈蓝紫色，分子量为 670 Da，在不同浓度凝胶中的迁移速率基本相同，它的分子筛效应小，近似于自由电泳，故被普遍用作指示剂。在 0.6%、1% 和 2% 的琼脂糖凝胶中，溴酚蓝的迁移速率分别与 1 kb、0.6 kb 和 0.15 kb 的双链线状 DNA 片段大致相同。指示剂一般加在电泳上样缓冲液中，为了使样品能沉入胶孔，还要加入适量的蔗糖、聚蔗糖 400 或甘油以增加样品的相对密度。

3）染色剂

核酸需经过染色才能显示出带型，最常用的是溴化乙锭染色法。溴化乙锭（ethidium bromide，EB）是一种荧光染料，这种扁平分子可以嵌入核酸双链的配对碱基之间，在紫外线激发下，发出橘红色荧光。EB-DNA 复合物中的 EB 发出的荧光，比游离的凝胶中的 EB 本身发出的荧光强大 10 倍，因此不需要洗净背景就能清楚地观察到核酸的电泳带型。通常，可以在凝胶中加入终浓度为 0.5 μg/mL 的 EB，这样在电泳过程中可以随时观察核酸的迁移情况，这种方法适用于一般性的核酸检测。也可以在电泳结束后用 0.5 μg/mL 的 EB 溶液染色 10～15 min，然后在紫外灯下观察。由于 EB 在可见光下易分解，故应存于棕色瓶中并置 4℃条件下保存。

注意：EB 有潜在的致癌危险，操作时必须戴乳胶手套或一次性手套。

三、材料与用品

1. 实验材料

Ler 野生型与 *rrg* 突变型拟南芥 F_2 群体单株幼叶。

2. 实验器具

研钵、灭菌离心管、水浴锅或恒温箱、紫外分光光度计、台式离心机、微量移液器、电泳仪、水平电泳槽、凝胶成像仪等。

3. 实验试剂

（1）2% CTAB 抽提缓冲液：CTAB 4 g，NaCl 16.364 g，1 mol/L Tris-HCl 20 mL（pH 8.0），0.5 mol/L EDTA 8 mL，先用 70 mL ddH₂O 溶解，再定容至 200 mL 灭菌，冷却后加 400 μL β-巯基乙醇。

（2）氯仿-异戊醇（24∶1）：先加 96 mL 氯仿，再加 4 mL 异戊醇，摇匀即可。

（3）1×TE 缓冲液：10 mmol/L Tris-HCl，1 mmol/L EDTA，调 pH 为 8.0。

（4）5×TBE 溶液：54 g Tris，27.5 g 硼酸，4.6 g EDTA-Na₂ 溶于去离子水中，定容至

1 L。电泳时稀释 5 倍使用。

（5）5×上样缓冲液：用 5×TBE 溶液配制 0.5% 溴酚蓝，再加等体积甘油混匀。

（6）溴化乙锭溶液：5 mg/mL 的溴化乙锭，避光保存。

（7）0.7% 琼脂糖溶液：用 1×TBE 溶液配制，即 100 mL 1×TBE 中加入 0.7 g 琼脂糖。

其他试剂还有 75% 乙醇、无水乙醇、0.5 mol/L 乙酸钠等。

四、实验步骤

1. DNA 的提取

（1）取少量叶片（约 1 g）置于研钵中，加入 300 μL 2% CTAB 抽提缓冲液磨至浆糊状。

（2）将磨碎液倒入 1.5 mL 做好标记的灭菌离心管中，磨碎液的高度约占管的 1/3。

（3）置于 65℃的水浴锅或恒温箱中，每隔 5 min 轻轻摇动，30 min 后取出。

（4）冷却至室温（约 2 min）后，加入等体积氯仿-异戊醇（24∶1），轻柔上下混匀 5 min，至上层（水相）澄清，下层（有机相）墨绿色。

（5）放入台式离心机中 20 000 r/min 离心 10 min。

（6）轻轻地吸取上清液约 250 μL 至新的离心管中，加入 2 倍体积的预冷无水乙醇，将离心管慢慢上下摇动 30 s，使无水乙醇与水层充分混合至能见到 DNA 絮状物。

（7）10 000 r/min 离心 10 min 后，立即倒掉液体，注意勿将白色 DNA 沉淀倒出，将离心管倒立于铺开的纸巾上。

（8）加入 1 mL 的 75% 乙醇（含 0.5 mol/L 乙酸钠），轻轻转动，用手指弹管尖，使沉淀于管底的 DNA 块状物浮游于液体中。

（9）10 000 r/min 离心 1 min 后，立即倒掉液体，再加入 1 mL 75% 的乙醇，将 DNA 再洗 5 min。

（10）10 000 r/min 离心 30 s 后，立即倒掉液体，将离心管倒立于铺开的纸巾上；数分钟后，直立离心管，干燥 DNA（自然风干或用风筒吹干）。

（11）加入 50 μL 0.5×TE（含 RNase）缓冲液，使 DNA 溶解，置于 37℃恒温箱约 1 h，使 RNA 消解。

（12）置于 −20℃保存、备用。

2. 琼脂糖凝胶电泳检测 DNA

（1）琼脂糖溶液的制备：0.7% 琼脂糖溶液在沸水浴中加热直到完全溶解；将溶液冷却到 50~60℃，加入溴化乙锭至终浓度为 0.5 μg/mL。

（2）将琼脂糖溶液倒入电泳仪的电泳支架上，放上梳子，梳子须离开电泳支架底部 1 mm 左右。待溶液凝固后，小心拔去梳子，将支架放入装有电极缓冲液

（1×TBE 溶液）的水平电泳槽中，电极缓冲液应没过凝胶。

（3）电泳：取薄膜，滴加上样缓冲液和 DNA 样品 5～10 μL，混匀，用微量移液器加入样品槽中。点样端朝向负极，通电。电压为 10 V。至溴酚蓝移到距离对边 1 cm 处，取出凝胶，在凝胶成像仪中检测。

3. 紫外分光光度计检测 DNA 质量

（1）取 10 μL DNA 用 TE 缓冲液稀释至 1 mL，混匀。以无 DNA 的 TE 为空白。在紫外分光光度计下测定样品在 260 nm 和 280 nm 波长下的光密度值，每个样品重复 3 次，取 3 次结果的平均值作为最终结果。

（2）换算出 OD_{260}/OD_{280} 的值（较纯的 DNA，该值为 1.6～1.8）。

（3）计算样品 DNA 的浓度。

$$双链 DNA 浓度（μg/mL）＝OD_{260}×稀释倍数×50$$

公式应用时光径（液层厚度）为 1 cm，且 $OD_{260}=1$ 时，双链 DNA 浓度为50 μg/mL。

五、注意事项

1. 每组选取 F_2 群体单株时注意，首先选取平板中的短根单株，当短根个体不足时再取长根单株。选择长根、短根单株时尽量选择极端表型，当表型处于难以判断的区间时，宁愿舍去也不要选取。最后注意提取 DNA 时，离心管上的标记要与表型测量时的标记一致，便于后期对单株表型查验。

2. 植物细胞中含有大量的 DNA 酶，因此除在抽提液中加入 EDTA 抑制酶的活性外，第一步的操作应迅速，以免组织解冻，导致细胞裂解，释放出 DNA 酶，使 DNA 降解。

3. 溴化乙锭是一种强致突变剂，在操作和配制试剂时应戴手套。含溴化乙锭的溶液不能直接倒入下水道。

六、实验结果与分析

1. 观察 DNA 胶图，分析 DNA 的形态及对应带型。
2. 分析琼脂糖凝胶浓度对 DNA 胶图的可能影响。
3. 分析 DNA 在琼脂糖凝胶中的迁移方向。

七、思考题

1. 简述抽提植物基因组 DNA 的原理。
2. 简述琼脂糖凝胶电泳的原理及方法。
3. 抽提植物基因组 DNA，跑胶后发现 DNA 降解得比较厉害，可能的原因是什么？

实验四　Bulk DNA PCR 扩增（SSR 技术）

一、实验目的

1. 掌握 PCR 扩增的原理与实验操作。
2. 掌握 SSR 标记的分析流程。
3. 学会标记的记载方法及其相关连锁分析方法。

二、实验原理

1. PCR 的基本原理

PCR（polymerase chain reaction，聚合酶链反应）是在体外进行的由引物介导的酶促 DNA 扩增反应。在分子生物学研究中，PCR 广泛地应用于研究基因突变、获取加入酶切位点的目的基因和测定 DNA 序列等方面，是分子生物学中一项极为常用的技术。

PCR 是在模板 DNA、引物和 4 种脱氧核糖核苷酸（dNTP）存在的条件下，依赖于 DNA 聚合酶的体外酶促合成反应。两个引物分别位于靶序列的两端，同两条模板的 3′ 端互补，由此限定扩增片段。PCR 反应由一系列的"变性—退火—延伸"反复循环构成，即在高温下模板双链 DNA 变性解链，然后在较低的温度下同过量的引物退火，再在适中的温度下由 DNA 聚合酶催化进行延伸。由于每一循环的产物都可作为下一循环反应的模板，因此扩增产物的量以指数级方式增加（图 4-1）。理论上，经过 n 次循环可使特定片段扩增到 2^{n-1}，考虑到扩增效率不可能达到 100%，实际上要少些，通常经 25～30 次循环可扩增 10^6 倍，这个数量足够分子生物学研究的一般要求。

2. PCR 反应条件

1）PCR 缓冲液

（1）常用的 1×PCR 缓冲液为 10 mmol/L Tris-HCl pH 8.3（常温），50 mmol/L KCl，1.5 mmol/L $MgCl_2$。由试剂公司与 *Taq* 酶一起提供。

（2）Mg^{2+} 浓度：Mg^{2+} 浓度对 PCR 反应影响很大，因为 Mg^{2+} 浓度与引物和模板的结合效率、产物的解链温度、产物的特异性、引物二聚体的生成、产物的忠实性、酶活力、PCR 产量等诸多因素有关。Mg^{2+} 一般使用浓度为 0.5～2.5 mmol/L，必要时可以以 0.5 mmol/L 为梯度间隔做 Mg^{2+} 最适浓度试验。

（3）dNTP：常用 dNTP 浓度为 20 μmol/L（可用范围为 20～200 μmol/L）。dNTP 的用量与 PCR 产量及产物忠实性有关，dNTP 量过少时合成的产物少。

（4）K^+ 浓度：PCR 反应中 K^+ 的作用是增强 *Taq* 酶活力与促进引物退火，一般使用浓度是 50 mmol/L，当 K^+ 浓度高于 50 mmol/L 时会抑制 *Taq* 酶活力。

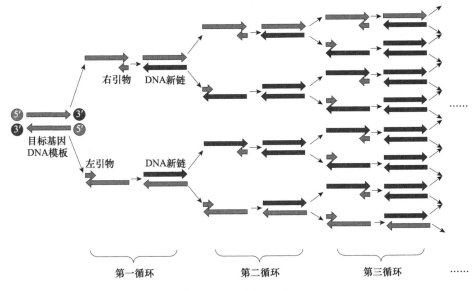

图 4-1　PCR 原理示意图

（5）pH：PCR 反应中用的是 Tris-HCl 缓冲系统。Tris-HCl 缓冲系统的特点是具有很高的温度系数（0.021 pH/℃），20℃时 pH 为 8.3 的缓冲液在 72℃延伸反应时，实际 pH 降低至 7.2。

（6）保护剂：由于 PCR 反应体系中蛋白质（酶）的含量极低，所以非常容易变性，通常需加入一定量的保护剂，如 5 mmol/L 的二硫苏糖醇（DTT）、100 μg/mL 的牛血清白蛋白（BSA）或 0.01% 的明胶。加入保护剂对 PCR 循环数较多的扩增反应效果尤其明显。

2）模板

PCR 模板可以是 DNA 或 RNA，RNA 需反转录后再扩增。模板可以是基因组 DNA 或纯化的质粒 DNA，当然两者的 DNA 量在 PCR 起始模板中相差很大。每个 PCR 反应中加入的模板数量可为 $10^2 \sim 10^5$ 个分子，特殊情况时，可低至 50 个分子。小于 100 ng 的细胞基因组 DNA（相当于约 10^4 个细胞），经 30 个循环，反应物能够在溴化乙锭染色的凝胶上看到一条主要产物带。使用较大量的模板时，循环次数可减少；如果模板量很少，可能需要增加至 45 个循环反应。

3）引物浓度

常用引物浓度为 0.1～0.5 μmol/L。随着引物浓度的降低，PCR 反应的特异性提高但产物获得率降低；随着引物浓度的升高，情况正好相反。

4）PCR 反应中的酶

Taq 酶最早是从水生嗜热菌（*Thermus aquaticus*）中分离得到的，该酶的最适温度是 72℃，在 94℃时相当稳定，半衰期长达 38 min。由于这种酶使用最早、

最广泛，文献中所列各项最适反应条件都是针对此酶优化的。使用其他的聚合酶时按试剂盒使用说明书操作。

3. SSR 分析技术

SSR 标记又称为微卫星标记，SSR 是一种广泛分布于真核生物基因组中的串状简单重复序列，每个重复单元的长度在 1~10 bp，常见的微卫星，如 TGTG······TG＝（TG）$_n$ 或 AATAAT······AAT＝（AAT）$_n$ 等，不同数目的核心序列串联重复排列，呈现出长度多态性。由于基因组中某一特定的微卫星的侧翼序列通常都是保守性较强的单一序列，因此可以将微卫星侧翼的 DNA 片段克隆、测序，然后根据微卫星的侧翼序列就可以人工合成引物进行 PCR 扩增，从而将单个微卫星位点扩增出来。由于单个微卫星位点重复单元在数量上的变异，个体的扩增产物在长度上的变化就产生长度的多态性。如图 4-2 所示，等位型 1 和等位型 2 分别代表两种不同亲本，本实验中如长根野生型和短根突变型。在等位型 1 中某一区段有 GA 重复 5 次，记为（GA）$_5$，而在等位型 2 中同一位点上 GA 只重复了 3 次，记为（GA）$_3$。因此，当用同一对引物（LP 和 RP）扩增这一区段时，则会出现等位型 1 的扩增片段比等位型 2 的扩增片段要长 4 个碱基。当电泳开始后，因为等位型 1 中的片段较大，所以电泳速度较慢，其电泳位置会距点样孔更近。因此就出现了多态性。由于 SSR 重复数目变化很大，所以 SSR 标记能揭示比 RFLP 高得多的多态性，这就是 SSR 标记的原理。

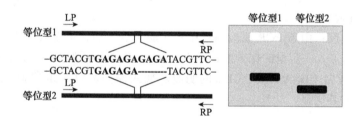

图 4-2 SSR 标记多态性示意图

三、材料与用品

1. 实验器具

0.2 mL 薄壁离心管、PCR 自动扩增仪、台式离心机、微量移液器等。

2. 实验试剂

（1）10×dNTP：10 mmol/L dNTP。

（2）*Taq* 酶：5 U/μL。

（3）模板 DNA：50 ng/μL（已经提取的拟南芥基因组 DNA）。

（4）引物：拟南芥常用引物见表 4-1，引物溶液浓度为 50 ng/μL，各引物在染色体上的位置如图 4-3 所示。

表 4-1 拟南芥常用引物

引物名	左引物（LP）	右引物（RP）
CER473407	CACGTAACGAAATTCGAAAG	GCTTAACAAACTCAATGACG
CER473866	GACGACAATAGTACCAACTC	CAGCAAGAATGCAAATAGTC
ciw1	ACATTTTCTCAATCCTTACTC	GAGAGCTTCTTTATTTGTGAT
ciw10	CCACATTTTCCTTCTTTCATA	CAACATTTAGCAAATCAACTT
ciw11	CCCCGAGTTGAGGTATT	GAAGAAATTCCTAAAGCATTC
ciw12	AGGTTTTATTGCTTTTCACA	CTTTCAAAAGCACATCACA
ciw3	GAAACTCAATGAAATCCACTT	TGAACTTGTTGTGAGCTTTGA
ciw4	GTTCATTAAACTTGCGTGTGT	TACGGTCAGATTGAGTGATTC
ciw5	GGTTAAAAATTAGGGTTACGA	AGATTTACGTGGAAGCAAT
ciw6	CTCGTAGTGCACTTTCATCA	CACATGGTTAGGGAAACAATA
ciw7	AATTTGGAGATTAGCTGGAAT	CCATGTTGATGATAAGCACAA
ciw9	CAGACGTATCAAATGACAAATG	GACTACTGCTCAAACTATTCGG
CTR1	CCACTTGTTTCTCTCTCTAG	TATCAACAGAAACGCACCGAG
F21M12	GGCTTTCTCGAAATCTGTCC	TTACTTTTTGCCTCTTGTCATTG
nga1107	GCGAAAAAACAAAAAAATCCA	CGACGAATCGACAGAATTAGG
nga111	CTCCAGTTGGAAGCTAAAGGG	TGTTTTTTAGGACAAATGGCG
nga1126	CGCTACGCTTTTCGGTAAAG	GCACAGTCCAAGTCACAACC
nga162	CATGCAATTTGCATCTGAGG	CTCTGTCACTCTTTTCCTCTGG
nga168	TCGTCTACTGCACTGCCG	GAGGACATGTATAGGAGCCTCG
nga280	CTGATCTCACGGACAATAGTGC	GGCTCCATAAAAAGTGCACC
nga6	TGGATTTCTTCCTCTCTTCAC	ATGGAGAAGCTTACACTGATC
PHYC	CTCAGAGAATTCCCAGAAAAATCT	AAACTCGAGAGTTTTGTCTAGATC

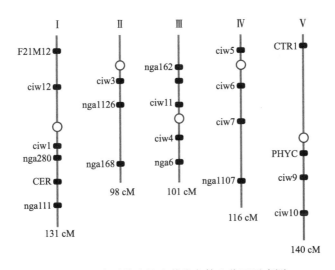

图 4-3 各引物在拟南芥染色体上位置示意图

其他试剂还有 10× 缓冲液、MgCl$_2$ 溶液、矿物油等。

四、实验步骤

1. 准备模板 DNA

选择 F$_2$ 群体中长根单株 10~15 株 DNA 混合成长根 DNA 混合池 B$_L$，选择 F$_2$ 群体中短根单株 10~15 株 DNA 混合成短根 DNA 混合池 B$_S$；分别取野生型 DNA 即长根亲本 P$_L$，rrg 突变型 DNA 即短根亲本 P$_S$。BSA 法 PCR 配制如图 4-4 所示。

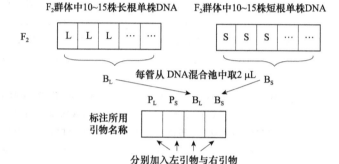

图 4-4　BSA 法 PCR 配制示意图

P$_L$ 为长根亲本；P$_S$ 为短根亲本；B$_L$ 为 F$_2$ 长根混合池；B$_S$ 为 F$_2$ 短根混合池

2. 准备 PCR 反应混合液

（1）取 0.2 mL 薄壁离心管一只，用微量移液器按表 4-2 分别加入以下各试剂。

表 4-2　加入的试剂及顺序

组分		体积
10× 缓冲液		
MgCl$_2$（25 mmol/L）	混合液	10 μL
10×dNTP（10 mmol/L）		
Taq 酶（5 U/μL）		
引物 P$_1$（50 ng/μL）		1 μL
引物 P$_2$（50 ng/μL）		1 μL
模板 DNA（50 ng/μL）		2 μL
ddH$_2$O		6 μL
总计		20 μL

（2）用手指轻弹离心管底部，使溶液混匀。在台式离心机中离心以集中溶液于管底。

（3）加 10 μL 矿物油封住溶液表面。

3. PCR 扩增反应

将加好样品的离心管插在 PCR 自动扩增仪样品板上，95℃ 3 min，使模板充分变性。然后按以下步骤在 PCR 自动扩增仪中进行 30 个循环反应：93℃ 30 s，55℃ 45 s，72℃ 45 s。反应完毕，将样品取出置于冰浴中待用。

五、注意事项

1. *Taq* 酶使用时应保持放置于冰上，用完后立即放回冰箱冷冻，一定不要长时间放置于室温条件下。若需单独吸取 *Taq* 酶时，应注意 *Taq* 酶存于甘油中，具有较强黏性，枪头不应向下过于深入，否则吸取时会导致 *Taq* 酶过量。

2. 添加引物和模板时，应注意每向一个 PCR 管中添加一个模板或者引物后都应该更换枪头，避免将试管内的物质转入模板或引物管中，导致污染。

3. 反应完成后，不要将 PCR 产物长时间放置于 PCR 自动扩增仪中，应立即取出，放于冰箱中备用。

六、实验结果与分析

此次试验结果将在下个实验 PAGE 检测后一并分析。

七、思考题

1. SSR 产生多态性的分子机制是什么？
2. 若对 PCR 的结果检测时，发现没有 PCR 扩增的条带，可能的原因是什么？

实验五　Bulk DNA PCR 扩增产物的 PAGE 检测（SSR 技术）

一、实验目的

1. 掌握 PAGE 胶的制作过程及原理。
2. 掌握多态性标记的分析方法。

二、实验原理

1. BSA 法筛选连锁标记的原理

在上次实验中，我们对 4 种模板进行了 PCR 扩增，其中 P_L 为长根亲本，P_S 为短根亲本，B_L 为长根池，B_S 为短根池。

通过第一次实验，我们已经知道控制这一根长性状的是 1 对基因，并且表现为完全显性。因此，我们可以推论出，长根亲本（纯合）P_L 的基因型为 RR；短根亲本 P_S 的基因型为 rr；而在 F_2 群体中，长根（$R\_$）：短根（rr）＝3：1。

因此，我们假设有一个标记 M 与控制根长表型的基因 R 紧密连锁（暂不考虑交换）。因为两亲本均为纯系，且标记 M 在两亲本中具有多态性才可以继续分析，我们可以假设在 P_L 中标记 M 所表现的基因型为 MM（较大条带）；P_S 中的基因型为 mm（较小条带）。由于长根混合池 B_L 的基因型为 $R\_$，因此其连锁标记 M 就可能包含 MM/Mm（M 和 m 两种条带均会出现）；而对于短根混合池 B_S 来说，其表型为短根，基因型为 rr，因此连锁标记 M 就应为 mm（只有较小条带）。

我们再假设另一标记 A 与根长表型不连锁。同理，P_L 的基因型为 AA（较大条带）；P_S 中的基因型为 aa（较小条带）。因为标记 A 与控制根长性状的 R 基因不连锁，所以在以根长选择的极端群体中 A 基因并未被筛选，因此 B_L 中可能包含 $AA/Aa/aa$（A 和 a 两种条带均会出现）；同理，B_S 中也可能包含 $AA/Aa/aa$（A 和 a 两种条带均会出现）（图 5-1）。

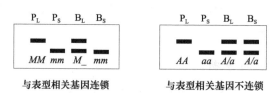

图 5-1　BSA 法筛选连锁标记原理的示意图

P_L 为长根亲本；P_S 为短根亲本；B_L 为长根混合池；B_S 为短根混合池

2. 分离 DNA 的原理（分子筛效应）

物质分子通过凝胶时会受到阻力，大分子物质在涌动时受到的阻力大，因此在凝胶电泳中，带电颗粒的分离不仅取决于净电荷的性质和数量，还取决于分子大小，这就大大提高了分辨能力。

3. 聚丙烯酰胺凝胶电泳（polyacrylamide gel electrophoresis，PAGE）

丙烯酰胺单体和甲叉双丙烯酰胺通过交联剂（TEMED）在催化剂（如过硫酸铵）作用下形成聚丙烯酰胺凝胶，其为网状结构，具有分子筛效应。凝胶孔径大小可以根据丙烯酰胺单体和甲叉双丙烯酰胺比例及溶液浓度来调节，浓度越大孔径越小，分离物质分子量越小。琼脂糖凝胶可区分相差约 100 bp 的 DNA 片段，而聚丙烯酰胺凝胶（PAGE）最高可分辨 1 bp 差异的 DNA 片段。

4. 硝酸银染色原理

硝酸银染色液中的银离子（Ag^+）可与核酸形成稳定的复合物，然后用还原剂如甲醛使 Ag^+ 还原成银颗粒，即把核酸电泳带染成了黑褐色。硝酸银主要用于聚丙烯酰胺凝胶电泳染色，也用于琼脂糖凝胶染色。

三、材料与用品

1. 实验器具

垂直板电泳仪、电泳槽、长玻璃板、凹玻璃板等。

2. 实验试剂

无水乙醇、滤纸片、75% 乙醇、硅化剂、反硅化剂（黏合剂）、6% PAGE、AP（过硫酸铵）、TEMED、6× 上样缓冲液（含溴酚蓝和二甲苯青）、0.2% AgNO₃、甲醛、显影液（3% NaOH，用时加 4 mL 甲醛）、蒸馏水等。

四、实验步骤

1. PAGE 胶的制备

（1）将长玻璃板和凹玻璃板清洗干净，再喷上 75% 乙醇，反复用滤纸片擦洗至无尘无水后备用。

注意：从此处开始处理长玻璃板和凹玻璃板时所用的手套和滤纸片都需要完全分开，否则会导致粘板。

（2）操作前先用无水乙醇将长玻璃板擦拭干净，待乙醇挥发后，在长玻璃板上涂匀反硅化剂（黏合剂），在凹玻璃板上涂匀硅化剂。

（3）待两玻璃板均晾干后，将带有隔离胶条的长玻璃板与凹玻璃板重合并用夹子固定好（若长玻璃板无胶条，还需使用与点样梳匹配的胶条置于两玻璃板间），调整水平支架，使灌胶口稍高一点。

（4）在烧杯中配制 80 mL 6% PAGE，灌胶前同时加入 400 μL AP、40 μL TEMED 并迅速混匀。

（5）将混合液慢慢注入两块玻璃板的空隙中，尽量不要产生气泡。

（6）灌满后，调成水平，将点样梳的平端插入两块玻璃板间并用夹子夹好，待胶凝固（大概 30 min）后即可电泳。

2. PAGE 胶电泳

（1）电泳前将玻璃板上的碎胶用自来水冲洗干净。

（2）取下梳子后架上电泳槽进行预电泳（上电泳槽加入 0.5×TBE 缓冲液，下电泳槽加入 1×TBE 缓冲液，功率 85 W）30 min。

（3）取 5 μL PCR 产物加入 1 μL 6× 上样缓冲液，短暂离心后 95℃下变性 3～5 min，4℃放置备用。

（4）预电泳结束后，在两玻璃板间隙插入点样梳进行点样，再以 50 W 功率电泳至溴酚蓝迁移出玻璃板。

3. 硝酸银染色

（1）电泳完毕，取下长板玻璃，胶面向上，在蒸馏水中漂洗 10 s。

（2）取出长玻璃板放入银染液（0.2% AgNO₃）中轻摇 20～30 min 后，取出在蒸馏水中漂洗 10 s。

（3）转入 4℃预冷的显影液（3% NaOH）中，加 4 mL 甲醛，轻摇至条带清晰显出时取出。

（4）用水漂洗后，取出玻璃，沥干水后，拍照，读取数据。

五、注意事项

1. 严格区分硅化剂与反硅化剂的操作：先处理凹板玻璃也就是硅化板，再处理长板玻璃也就是反硅化板。同时注意处理硅化板的手套和棉球不要触及反硅化板。

2. 同时加入 AP 与 TEMED 时，应避免将这两种物质加到同一处，从而导致局部浓度过高而使胶迅速凝集。加入后，应迅速用玻璃棒搅匀。

3. 凝胶前的 PAGE 是有毒的，应做好相应的防护，避免沾染到台面和地面，更不要触及人体。

4. 使用硝酸银染色时，应避免硝酸银落到台面与地面，否则长时间后，台面与地面将会发黑并且无法清洗干净。

六、实验结果与分析

1. 分析凝胶制备、电泳和染色过程中的注意事项，讨论如何获得高质量的电泳效果。

2. 拍照记录电泳检测结果，分析与根长性状基因可能连锁的分子标记（图 5-2）。

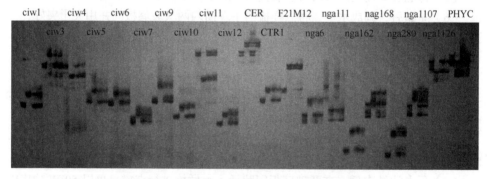

图 5-2　21 对标记对根长性状 BSA 法筛选结果图
4 条带由左至右依次是 P_L、P_S、B_L、B_S

七、思考题

1. 简述 BSA 法的原理。
2. 简述 PAGE 与琼脂糖凝胶电泳的区别。
3. PAGE 电泳前，预电泳的作用是什么？

实验六　拟南芥 F_2 大群体 DNA 的 PAGE 检测结果分析

一、实验目的

1. 掌握质量性状基因粗定位的基本原理及方法。
2. 掌握读取 PAGE 胶图的方法并能够将胶图转换成分析数据。
3. 掌握计算重组率以及绘制遗传图谱的原理与方法。

二、实验原理

1. BSA 法的限制

BSA 法只能筛选到与目标性状连锁的标记，但是不能确定标记与标记、标记与基因之间的关系。如果两个标记与抗病基因连锁，则存在两种可能性：在两标记的同侧或在两标记之间。因此必须对 F_2 分离群体的每个植株进行基因型分析，确定标记与标记、标记与基因之间的相对关系。

2. 重组率的计算原理

重组率是指交换型配子占总配子数的百分率，反映的是两基因间发生交换的概率。当两基因相距很近时，重组率可以较真实地反映基因间发生交换的情况，能较好地代表基因间的距离，重组率等于交换值。但是，当两基因相距较远时，由于其间发生双交换甚至更多交换，双交换和偶数多交换产生的交换型配子与亲型配子一样，重组型个体不能完全代表交换型配子，重组率就不能真实地反映基因间发生交换的情况，因此重组值一般会小于交换值。

三、材料与用品

F_2 短根群体 PAGE 胶打印图片。

四、实验步骤

1. 目标基因与候选标记间重组率的计算方法

在 F_2 短根群体 PAGE 胶图中，将与长根亲本一致的带型记为 A；将与短根亲本一致的带型记为 B；将与 F_1 一致的带型记为 H。因所用 F_2 群体全为短根个体，若带型与短根亲本一致（B 带型）则可以认为两条同源染色体在目标基因与候选标记间没有发生过重组，因此不计入重组率计算。若带型与 F_1 一致（H 带型），则可认为两条同源染色体中有一条在目标基因与候选标记间发生过重组，因此计为一次重组。若带型与长根亲本一致（A 带型），则可认为两条同源染色体在目标基因与候选标记间均发生过重组，因此计为两次重组。那么，

$$目标基因与候选标记间重组率（cM）= \frac{一次重组数目+2\times 两次重组数目}{2\times 样品总数}\times 100\%$$

即　　　$$目标基因与候选标记间重组率（cM）= \frac{H+2A}{2(A+B+H)}\times 100\%$$

2. 候选标记与候选标记间重组率的计算方法

针对一个单株在不同标记间带型：若两个标记带型都与短根亲本一致（B 带型）则记为 BB，可以认为两条同源染色体在两个候选标记间没有发生过重组，因此不计入重组率计算。同理 AA、HH 也不记入重组率的计算。

若两个标记中一个带型与短根亲本一致（B 带型），另一个带型与 F_1 一致（H 带型）则记为 BH，可认为两条同源染色体中有一条同源染色体在这两个候选标记间发生过重组，因此计为一次重组。同理 AH、HB、HA 也计为一次重组。

若两个标记中一个带型与短根亲本一致（B 带型），另一个带型与长根亲本一致（A 带型）则记为 BA，可认为两条同源染色体均在这两个候选标记间发生过重组，因此计为两次重组。同理 AB 也计为两次重组。那么，

$$候选标记间重组率（cM）= \frac{一次重组数目+2\times 两次重组数目}{2\times 样品总数}\times 100\%$$

即　$$候选标记间重组率（cM）= \frac{(AH+BH+HA+HB)+2(AB+BA)}{2\times 样品总数}\times 100\%$$

五、注意事项

1. 此实验中，F_2 群体仅使用短根单株，而没有使用长根单株。也可以使用测交群体（所有单株均可用于基因定位）来获得更好的定位结果。本实验使用第一种方法的原因是拟南芥的杂交较为困难，从而较难获得足够数量的测交群体。因此，牺牲了一部分群体数量来进行基因定位，而这一缺陷也可以通过增大 F_2 群体来弥补。

2. 用于定位的群体越大，准确性越高。群体过小则会导致遗传漂变引起的定位误差，从而错过定位区段。

六、实验结果与分析

根据自己的实验数据计算出候选标记与目标基因间的重组率、候选标记之间的重组率并绘制包含目标基因的遗传连锁图谱。

依据图 6-1 中所示，我们可以写出每种标记的类型。我们可以判断出 P_1 为长根亲本，P_2 为短根亲本。与长根亲本一致的带型标记为 A；与短根亲本一致的带型标记为 B；而与 F_1 表现一致的带型标记为 H。我们可以得到表 6-1 的结果。

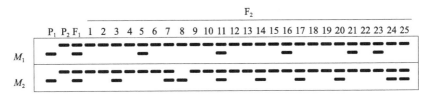

图 6-1　F_2 短根群体定位短根突变基因的结果示意图

表 6-1　F_2 短根群体定位短根突变基因的结果表

	1	2	3	4	5	6	7	8	9	10	11	12	13	14	15	16	17	18	19	20	21	22	23	24	25
M_1	B	B	B	B	H	B	B	B	B	B	H	B	B	B	B	H	B	B	B	B	B	H	B	H	B
M_2	B	B	H	B	B	B	H	A	B	B	B	H	B	B	H	B	B	H	B	B	H	B	B	H	H

根据公式我们首先可以分别计算 M_1、M_2 与目标短根基因间的遗传距离：

$$Rf_{M_1-r} = \frac{H+2A}{2\times \text{总数}} \times 100\% = \frac{5+0}{2\times25} \times 100\% = 10\% = 10\ \text{cM}$$

$$Rf_{M_2-r} = \frac{H+2A}{2\times \text{总数}} \times 100\% = \frac{8+2\times1}{2\times25} \times 100\% = 20\% = 20\ \text{cM}$$

此时仍无法判断 M_1、M_2 与目的短根基因 r 间的相对位置关系，因此还需计算 M_1 与 M_2 这两个标记间的遗传距离：

$$Rf_{M_1-M_2} = \frac{(AH+BH+HA+HB)+2(AB+BA)}{2\times \text{样品总数}} \times 100\%$$

$$= \frac{(0+7+0+4)+2\times(0+1)}{2\times25} \times 100\% = 26\% = 26\ \text{cM}$$

因为 $Rf_{M_1-M_2} > Rf_{M_2-r} > Rf_{M_1-r}$，所以两标记 M_1、M_2 应在两侧，R/r 在两标记之间。

```
|←————————————————— 26 cM ——————————————————→|
M₂                      R/r                      M₁
|←————————— 20 cM —————————→|←——— 10 cM ———→|
```

七、思考题

1. 简述基因定位的原理与方法。

2. 提高定位精度的方法有哪些？

实验七　作图与 QTL 分析软件的使用

一、实验目的

1. 掌握 QTL 分析方法的原理。
2. 掌握 QTL 分析软件的使用方法。

二、实验原理

作物的许多重要农艺性状均为数量性状，由许多微效基因控制，这些基因在染色体上的位置称为数量性状基因座（quantitative trait locus，QTL）。传统的数量遗传学只是把这些微效基因作为一个整体，用简单的统计学方法分析其总的遗传学效应，无法把微效多基因分解为单个的遗传因子。20 世纪 80 年代，DNA 分子标记技术的发现和应用，使得对单个 QTL 的研究成为可能。利用分子标记定位 QTL，实质上就是分析分子标记和目标性状 QTL 之间的连锁关系。QTL 定位的遗传基础是连锁，当标记与特定性状连锁时，不同标记基因型个体的表型值存在显著差异，通过数量性状观测值与标记间的关联分析来确定各个数量性状位点在染色体上的位置、效应及各个 QTL 间的相互作用。因此，QTL 定位实质上是基于特定模型的遗传假设，包括单一标记分析法、区间作图法（interval mapping，IM）、复合区间作图法和混合线性模型等（本实验主要介绍前三种方法）。

1. 单一标记分析法

使用 t 测验、方差分析（ANOVA）等方法对群体进行分析，通过 t 值、F 值的大小判断标记与 QTL 的连锁程度。一般只涉及一个标记。

优点是：计算速度快，方法简单，不需要完整遗传图谱。不足是：不能确定标记是与一个或多个 QTL 连锁，检测效率不高，所需的个体数较多，无法无偏估计 QTL 的位置和遗传效应。

2. 区间作图法

以正态混合分布的最大似然函数和简单回归模型，借助完整的分子标记连锁图谱，计算基因组的任意两相邻标记之间存在 QTL 和不存在 QTL 的似然函数比值的对数（LOD 值）。根据 LOD 值描绘出一个 QTL 在该染色体上存在与否的似然图谱。当 LOD 值超过某一给定的临界值时，QTL 的可能位置可用 LOD 支持区间表示出来。QTL 的效应则由回归系数估计值推断。一般只涉及两个标记。

优点是：检测效率较高，所需的个体数较少。如果一条染色体上只有一个QTL，可无偏估算 QTL 的位置和效应。不足是：如果同一条染色体上有多个 QTL，估算的 QTL 位置和效应出现偏差；每次检验仅用两个标记，未充分利用其他标记的信息。

3．复合区间作图法

用多元回归与极大似然法等方法对群体进行分析，由最大 LOD 值确定标记与 QTL 的连锁关系。一般涉及多个标记。

优点是：如果无上位性和 QTL 与环境互作的影响，QTL 位置和效应估计是接近无偏的；充分利用了全基因组的标记信息，较大程度控制了背景遗传效应，提高了作图的精度和效率。不足是：无法分析上位性及 QTL 与环境互作等复杂的遗传效应；需为检验的区间开辟一个窗口，但不易确定窗口大小，窗口过小效率低、运行时间较长，窗口过大易产生偏差。

三、实验软件

Mapmaker3.0、Mapdraw2.1、WinQTLCart。

四、操作步骤

（1）下面以 WinQTLCart 为例介绍，其他运行软件的基本原理和过程与其相似，使用前请仔细阅读软件使用说明。

（2）双击 WinQTLCart.exe 的图标，运行 WinQTLCart。单击工具栏上的"打开"按钮，或单击"File"菜单，再单击下拉菜单中的"Open"按钮，导入分析数据"experimental.mcd"（图 7-1）。"experimental. mcd"包含遗传图谱（图 7-2）、基因型（图 7-3）、表型（图 7-4）。

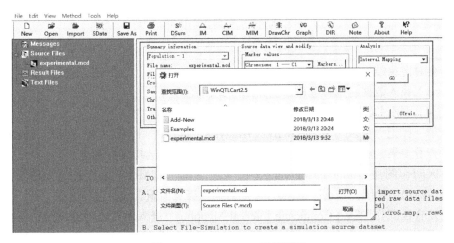

图 7-1　WinQTLCart 运行界面

此处一定注意基因型与表型数据要一一对应。例如，在基因型表格中第一列的基因型数据一定来源于 1 号单株的 DNA 在不同标记下所得到的数据，同时也要对应 1 号单株在表型表格中第一列的数据。若有 DNA 来源不清或者表型统计时株号不清时，一定删除对应的所有数据（对应单株的基因型与表型数据要同时删除），

```
-type position
-function 2
-Units cM
-chromosomes 19
-maximum 46
-named yes
-start
-Chromosome      1
M1          0
M2          2.807
M3          4.439
M4          5.17
M5          11.716
M6          13.913
M7          16.032
M8          17.776
M9          19.238
M10         20.754
M11         24.508
M12         25.638
M13         32.467
M14         34.91
M15         36.033
M16         44.035
M17         48.283
M18         50.707
M19         53.201
M20         54.529
M21         55.354
M22         55.868
M23         56.015
M24         57.231
M25         57.844
M26         58.85
M27         59.033
M28         61.464
M29         61.726
M30         61.938
M31         63.446
M32         65.04
M33         66.161
M34         68.157
M35         74.383
M36         84.975

-Chromosome      2
M38         0
M39         14.989
M40         18.667
M41         22.687
M42         25.997
M43         27.745
M44         29.876
M45         30.834
M46         31.96
M47         33.736
M48         36.397
M49         42.422
M50         42.757
M51         44.092
M52         45.058
M53         46.697
M54         53.505
M55         63.43
M56         68.953
M57         74.751
M58         77.156
M59         86.157
M60         94.366
M61         102.459
-Chromosome      3
M62         0
M63         4.325
M64         6.262
M65         9.897
M66         16.47
M67         20.992
M68         31.252
M69         32.97
M70         35.069
M71         35.702
M72         36.754
M73         37.399
M74         38.359
M75         39.352
M76         39.817
M77         41.723
M78         42.881
M79         43.227
M80         43.901
M81         45.225
M82         47.816
M83         50.902

-Chromosome      18
M417        0
M418        7.799
M419        16.925
M420        24.235
M421        28.102
M422        34.35
M423        35.293
M424        38.6
M425        42.849
M426        49.142
M427        50.099
M428        59.585
M429        60.932
M430        65.522
M431        66.562
M432        68.958
M433        80.362
M434        85.439
-Chromosome      19
M435        0
M436        12.729
M437        31.246
M438        40.407
M439        47.311
M440        51.249
M441        53.266
M442        54.308
M443        55.424
M444        56.095
M445        59.778
M446        64.937
M447        67.223
M448        68.998
M449        73.049
M450        74.129
M451        75.719
M452        76.386
M453        77.479
M454        81.889
M455        84.095
M456        89.026
M457        102.519
-stop
```

图 7-2 油菜基因组遗传图谱部分数据

此处用到油菜 19 条染色体上 457 对标记

否则会对定位结果产生极大影响。

（3）载入数据后选择分析方法如图 7-5 所示。

（4）点击"GO"即可进入对应分析方法。

单一标记分析法（Single Marker Analysis）运行时间不到 1 s，点击"Graphic"即可查看结果。点击"Close"可以回到上级页面重新选择分析方法。

区间作图法（Interval Mapping）进入后点击"START"运行时间大概为 5 s，会自动弹出结果图。点击"Close"可以回到上级页面重新选择分析方法。

复合区间作图法（Composite Interval Mapping）进入后点击"START"运行时间大概为 15 min，会自动弹出结果图。点击"Close"可以回到上级页面重新选择分析方法。

（5）结果分析：点击"Chrom"选择"Show All Chorm"，这样图中会显示所有的染色体（用双线隔开）；点击"Trait"选择"Show All Trait"，这样图中会显示所有的性状（用不同颜色标注）（图 7-6）；点击"File"选择"Save as Excel File …"，这样就可以在 Excel 中查看具体的定位区段。

```
#bycross
-SampleSize  202
-Cross Ri0
-traits  3
-otraits  0
-missingtrait .
-case yes
-TranslationTable
AA    2    A
Aa    1    H
aa    0    B
A-    12   *2
a-    10   *3
--    -1
-start markers
M1  B  B  .  A  B  .  .  A  B  B  B  A  .  B  A  A  B  A  B  B  B  B  B  .  A  B  B  B  A  B
M2  B  B  .  A  B  .  .  .  A  B  B  A  .  B  A  A  B  A  B  B  B  B  B  .  A  B  B  B  A  B
M3  B  B  A  A  B  A  B  .  B  A  A  B  B  B  B  B  A  A  .  A  B  B  B  .  A  A  B  B  A  B
M4  B  B  .  A  B  A  B  A  B  A  B  A  A  B  B  B  A  .  B  A  A  .  B  A  A  B  B  B  .  B
M5  B  B  .  A  B  .  .  A  B  .  A  B  .  B  A  A  B  A  B  B  B  B  B  .  A  B  B  B  .  B
M6  B  B  .  A  B  .  .  A  B  A  B  A  .  B  A  A  B  A  B  B  B  B  B  .  A  B  B  B  .  A
M7  B  B  A  A  B  A  B  .  B  A  B  A  .  B  A  A  B  A  B  B  B  B  B  .  A  B  B  B  A  B
M8  B  B  A  A  B  A  B  .  B  A  B  A  .  B  A  A  B  A  B  B  B  B  B  .  A  B  B  B  A  B
M9  B  B  A  A  B  A  B  .  B  A  B  A  .  B  A  A  B  A  B  B  B  B  B  .  A  B  B  B  A  B
M10 B  B  A  A  B  A  B  A  B  B  B  A  .  B  A  A  B  A  B  B  B  A  A  B  B  A  B  B  A  B
M11 B  B  .  A  B  .  A  B  B  B  B  A  .  B  A  A  B  A  B  B  A  A  B  B  B  A  B  B  A  B
M12 .  B  .  A  B  .  A  B  B  B  B  A  .  B  A  A  A  A  B  B  A  A  B  B  .  A  B  A  B  B
M13 B  .  .  A  B  .  A  B  .  B  B  A  .  B  A  A  A  A  B  B  .  A  B  B  .  A  A  A  B  B
M14 B  B  A  A  B  A  B  A  B  A  B  A  .  B  A  A  .  A  A  B  A  A  B  B  A  B  B  A  B  B
M15 A  B  A  A  B  A  B  A  B  A  B  A  .  B  A  A  .  A  A  A  A  B  B  A  B  B  B  A  B  B
M16 B  B  A  A  B  A  B  A  B  A  B  A  A  B  A  .  A  A  A  A  B  B  A  B  B  B  .  A  B  B
M17 A  B  A  A  B  A  B  A  B  A  B  A  A  B  A  A  A  A  A  A  B  B  A  B  B  B  .  A  B  B
M18 .  B  .  A  B  .  A  B  B  B  B  A  .  B  A  A  A  A  B  B  .  A  B  B  .  A  A  A  B  B
M19 B  B  A  A  B  A  B  A  B  B  B  A  A  B  A  A  B  .  B  B  A  A  A  .  A  A  A  A  B  A
M20 B  B  .  A  B  A  B  A  B  B  B  A  A  B  A  A  B  A  B  B  .  A  A  .  A  A  A  A  B  B
M21 B  B  A  A  B  A  B  A  B  B  B  A  A  B  A  A  B  A  B  B  A  A  A  B  A  A  A  A  B  B
M22 B  B  A  A  B  A  B  A  B  B  B  A  A  B  A  A  B  A  B  B  B  A  A  B  A  A  A  A  B  B
M23 B  B  A  A  B  A  B  A  B  B  B  A  A  B  A  A  B  A  B  B  B  A  A  B  A  A  A  A  B  B
M24 B  B  A  A  B  A  B  A  B  A  B  A  A  B  A  A  B  A  A  B  A  A  B  B  A  B  B  B  A  B
M25 B  B  A  A  B  A  B  A  B  A  B  A  A  B  A  A  A  A  A  B  B  B  A  B  B  B  A  A  B  B
M26 B  B  A  A  B  A  B  B  B  B  B  A  A  B  A  A  A  A  B  B  A  A  B  B  .  A  A  A  B  B
M27 B  .  .  A  B  .  B  B  B  B  B  A  .  B  A  A  A  A  B  B  .  A  B  B  .  A  A  A  B  B
M28 B  .  .  A  B  .  B  B  B  B  B  A  .  B  A  A  A  A  B  B  .  A  B  B  .  A  A  A  B  B
M29 B  A  B  A  B  A  B  A  B  B  B  A  .  B  A  A  B  A  B  B  B  B  A  .  A  A  A  A  B  B
M30 B  A  .  A  B  .  B  B  B  B  A  A  .  B  A  B  B  B  B  B  .  A  A  A  A  A  A  A  B  B
```

图 7-3　油菜基因型部分数据

此处仅展示前 30 对标记（行标）在前 30 个单株（列标）中的基因型数据，本实验中所使用的实际基因型数据为在 202 个单株的 DH 群体中 457 对标记的基因型。A 代表父本基因型；B 代表母本基因型；. 代表该单株在该标记下无法扩增出特征带型

```
-start traits
s06H-bolt   86  67  69  71 150  71  91  73  66 150  69  64  70  71  65  70  66  71  76  73  63  63  65  71  63  73  75  75  81  71  72
s06H-bud   109  69  73  79 150  85 107  94  69 150  71  65  77  87 150  85  63  65  66 106  62 150 150  76 150
S06H-flower 150  83  97  94 150  97 150 109  83 150  84  81  96  96  80 114  84  86 102  74  83  85 119  73 150 150 150  89
```

图 7-4　油菜表型部分数据

此处仅展示前 30 个单株（列标）中的表型数据，本实验中所使用的实际表型数据为 202 个单株表型。S06H-bolt 为抽薹时间；S06H-bud 为现蕾时间；S06H-flower 为开花时间

　　结果显示 3 号染色体有一个现蕾和开花的微效 QTL，而在 10 号染色体上有一个对三个性状都有作用的主效 QTL。

五、注意事项

　　1. 录入基因型数据时，用 "A" 代表亲本 1 纯合基因型（如 AA），"B" 代表亲本 2 纯合基因型（如 aa），"H" 代表杂合基因型（如 Aa）（本实验中的实例因用到的为 DH 系群体，因此没有杂合基因型），"—" 代表标记缺失。若在基因型鉴定时，有标记因不清晰而无法判定时，不要估计读取标记基因型，可以选择重复一次 PCR 再读取结果，若还无法判定，则记为 "—"。对于不清楚标记宁愿记录成

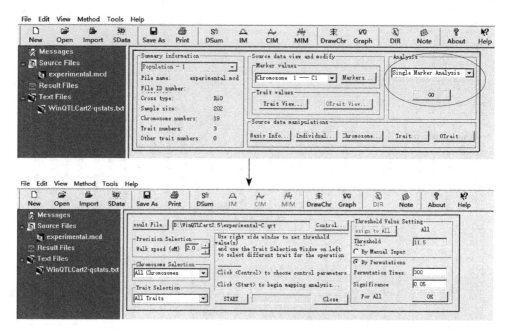

图 7-5　WinQTLCart 分析方法的选择

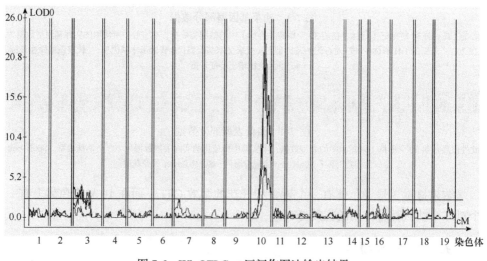

图 7-6　WinQTLCart 区间作图法输出结果

"—"也不要随意标记成特定基因型。若随意估计，特别是对关键交换单株的错误判定可能会对定位结果造成极大偏差。

2. 录入表型时一定保证与录入单株的编号一一对应，若出现单株死亡或缺失时要注意连同基因型数据一同删去，防止因错行而导致数据混乱。

六、实验结果与分析

1. 绘制甘蓝型油菜的分子标记遗传连锁图谱，并对图谱进行描述。
2. 分析所获得油菜开花性状的 QTL，并对 QTL 进行描述。
3. 比较并分析 4 种方法所得到的结果有什么异同。

七、思考题

1. 影响 QTL 作图精度的因素有哪些？
2. 如何进一步精细定位和克隆 QTL 位点上的目标基因？

植物表达载体的构建

一、综合实验目的

植物表达载体的构建是植物转基因前的必须环节，目标基因要导入植物表达载体，才能进行后续的转基因及基因的表达等程序。植物表达载体的构建主要分为以下几步：首先要获得目标基因或 DNA 片段用于后续的克隆，如以基因组 DNA、cDNA 或质粒为模板进行 PCR 扩增；其次要选择合适的克隆或表达载体（植物中表达要选择植物表达载体），将目标基因或 DNA 片段与载体通过酶切-连接或同源重组的方法获得重组载体，重组后的载体可以通过转化大肠杆菌（*Escherichia coli*，*E. coli*）进行质粒的扩繁，通过抗生素筛选（载体中含有筛选标记）、PCR 阳性鉴定、质粒酶切及测序等确定其含有目的基因或 DNA 片段；最后目标重组载体通过农杆菌转化到植物体内。

二、综合实验原理

原核或真核表达载体均为含有一定结构特征的双链 DNA 分子，其中不仅有决定质粒拷贝数和细胞内表达量的复制子等元件，还有细菌、真菌或植物中的特异筛选标记。在双链 DNA 分子末端创建适配的黏性末端，可以通过 T_4 连接酶将 2 个不同的 DNA 分子进行体外重组，得到重组质粒。在重组质粒中，一个分子是外源片段，通常可以通过植物基因组 DNA 或 cDNA 的 PCR 特异性扩增得到一定大小的线状 DNA；另一个线状 DNA 则通过目标载体的酶切得到。若扩增时在引物 5′ 端引入合适的额外序列，使得 PCR 产物的 5′ 端和 3′ 端分别具有和线性化质粒匹配的黏性末端，则通过 T_4 DNA 连接酶（T_4 ligase）的体外连接反应可重构环状 DNA，该 DNA 即为重组质粒。通过对 *E. coli* 的抗性筛选、菌落 PCR 检测和质粒测序等方法验证重组质粒结构和序列的正确性。如果要构建植物表达载体，则可以将目标基因通过酶切-连接或同源重组的方法构建到植物双元表达载体中，在 *E. coli* 中进行质粒载体的扩增和鉴定，然后转入农杆菌中用于农杆菌介导的植物遗传转化。

三、综合实验设计

本综合实验依据基因克隆基本操作流程，以植物表达常用的改造后的

pCAMBIA2300-35S 双元载体为初始载体，以红色荧光蛋白基因 *DsRED2* 为例，采用酶切-连接法构建重组载体，展示植物表达载体构建的原理和方法。实验涉及细菌培养基的配制、PCR 引物设计及末端限制性内切酶位点的添加、目标基因 PCR 扩增及检测、载体质粒线性化过程中限制性内切酶的选择和酶切体系的建立、T_4 DNA 连接酶连接反应体系的建立、*E. coli* 的转化和阳性重组子的筛选及阳性重组子转化农杆菌等实验过程。本实验流程如下图所示。

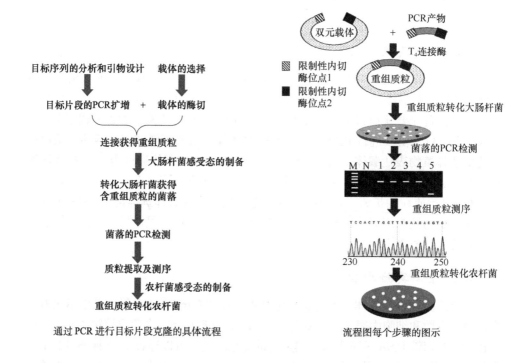

通过 PCR 进行目标片段克隆的具体流程　　流程图每个步骤的图示

实验八　细菌培养基及其配制

一、实验目的

掌握细菌培养基的构成及配制方法。

二、实验原理

LB 培养基是分子生物学实验中常用的培养基，用来培养 *E. coli*、农杆菌等细菌细胞。根据其状态的不同，可分为 LB 液体培养基和 LB 固体培养基（也称为 LB 平板，在液体培养基的基础上加入琼脂配制而成）。根据重组载体中含有抗性标记的不同，可以利用含有此抗生素的 LB 培养基进行重组克隆的筛选。

1. LB 培养基的配方（表 8-1）

表 8-1　LB 培养基的配方

成分	含量	作用
胰蛋白胨	10 g/L	提供细菌生长所需的氮源和碳源
酵母提取物	5 g/L	提供细菌生长所需的各种维生素和微量元素
氯化钠	10 g/L	提供细胞转运用的盐离子和平衡渗透压
pH	7.0	

其固体培养基的配制需加入 15 g/L 琼脂使培养基固化。

2. 常用的 LB 培养基抗生素浓度

（1）氨苄青霉素（ampicillin，Amp）工作液浓度为 100 μg/mL，母液浓度为 100 mg/mL。

（2）卡那霉素（kanamycin，Kan）工作液浓度为 50 μg/mL，母液浓度为 50 mg/mL。

（3）氯霉素（chloramphenicol，Chl）工作液浓度为 34 μg/mL，母液浓度为 34 mg/mL。

（4）四环素（tetracyclin，Tet）工作液浓度为 20 μg/mL，母液浓度为 20 mg/mL。

（5）壮观霉素（spectinomycin，Spe）工作液浓度为 100 μg/mL，母液浓度为 100 mg/mL。

三、材料与用品

1. 实验试剂

胰蛋白胨（tryptone）、酵母提取物（yeast extract）、氯化钠（NaCl）、琼脂（agar）、1 mol/L NaOH 及 HCl、Kan 母液、蒸馏水。

2. 实验器具

灭菌锅、天平、大烧杯、蓝盖试剂瓶、超净工作台、量筒、微量移液器及枪头、pH 计、方形培养皿、Parafilm 封口膜、冰箱等。

四、实验步骤

1. LB 液体培养基的配制

（1）分别称取所需量的胰蛋白胨（10 g）、酵母提取物（5 g）和 NaCl（10 g），置于烧杯中。

（2）加入 500 mL 蒸馏水于烧杯中，用玻璃棒搅拌，使药品全部溶化，定容至 1 L。

（3）用 1 mol/L NaOH 溶液调 pH 至 7.0。

（4）将培养基分装至蓝盖试剂瓶中，盖上盖子，不能拧紧。

（5）将培养基放在高温高压灭菌锅中，在 121℃（1.03 kPa）下灭菌 15 min。

（6）若需要添加抗生素，则在液体培养基使用前，按抗生素工作液浓度添加抗生素，以卡那霉素为例，添加 1 mL 母液浓度为 50 mg/mL 的卡那霉素于 1 L 的 LB 培养基中。

2. LB 固体培养基的配制

（1）在液体培养基全部物质加完后，按质量体积比加入 1.5%（m/V）的琼脂，然后进行高温高压灭菌。

（2）将灭菌后的 LB 固体培养基室温冷却，待温度下降至 50℃左右（用手触摸不烫为准），在超净工作台上按照 1/1000 体积加入卡那霉素母液并充分摇匀。

（3）将培养基倒入无菌培养皿中，一般 25 mL/ 皿，在超净工作台上放置 10 min，盖上培养皿盖，用封口膜封边，标记日期和抗性，倒置存放于 4℃冰箱。

五、注意事项

1. 在灭菌后的固体培养基中加入抗生素时要注意培养基的温度，温度过高时加入抗生素会导致其失活。正确的做法是：待培养基灭菌完后自然冷却，用单手持续能握住灭菌后的蓝盖试剂瓶 30 s 以上，则说明培养基温度合适，此时的温度经验值为 45～55℃。但是等待时间也不宜过久，时间长温度低会导致培养基开始凝固，加入的抗生素混合不均匀。

2. 抗生素的添加和倒皿均应在超净工作台上操作。方形培养皿倒好培养基，待完全冷却后再盖好盖子翻过来倒置储存，以免冷凝水凝结在平板上影响使用。

六、实验结果与分析

1. 请拍照并记录本实验配制培养基的具体配方和所得状态。参考同实验班级中其他同学所得结果，统计 LB 培养基在 25℃室温下的凝固时间。

2. 在网上或其他参考书上查阅资料，对比细菌培养基的配方和植物组织培养基的配方，从糖源、无机盐、pH 等方面比较细菌培养基和植物培养基的异同。

七、思考题

1. 在添加卡那霉素（Kan）时为何要让培养基冷却？
2. 培养基中添加的卡那霉素（Kan）起什么作用？

实验九　目标基因引物的设计

一、实验目的

1. 了解 PCR 引物设计的基本原则。
2. 掌握利用软件或在线网站设计 PCR 引物的方法。

二、实验原理

1. 引物设计的基本原则

（1）引物的长度。引物是人工合成的两段寡核苷酸序列，一条引物与目标基因的一条 DNA 模板链互补，另一条引物与目标基因的另一条 DNA 模板链互补。

PCR 引物长度一般为 15～30 nt（核苷酸）。引物过短时造成 T_m 值过低，引物不能与模板很好地配对，或是配对专一性很低。引物过长时又会造成 T_m 值过高，超过酶的最适反应温度（T_E），还使合成引物的费用大大增加。当然若要在引物的 5′ 端加上特定的酶切位点等碱基则可稍长，此时退火温度应该考虑引物和模板配对的区间，而先不考虑含有额外酶切位点的序列。但除了第一轮扩增，后续的扩增循环中因产物中已经含有额外序列，所以实际每轮扩增的退火温度可以比第一轮适当提高。

（2）T_m 值（melting temperature）与 GC 含量。T_m 值是指引物与模板之间精确互补配对并且在模板过量的情况下有 50% 的引物与模板配对，而另外 50% 的引物处于解离状态时的温度。一般按序列中核苷酸构成，根据 G/C 按 4℃，A/T 按 2℃，按公式 $T_m=4×（G+C）+2×（A+T）+3.3℃$ 进行计算。

T_m 值是 PCR 引物设计中的一个重要参数，一般采用较引物 T_m 值低 5℃ 作为 PCR 反应的退火温度。退火温度的选择应考虑到 Taq 酶的最适温度（T_E）和引物的 T_m 值。常用的 Taq 酶最适温度（T_E）为 70～74℃，根据 T_E 可以先确定一个合适的退火温度范围（T_a），这个温度范围应不高于酶的最适反应温度，也不能比 $T_E-25℃$（45～49℃）更低。如果退火温度低于 Taq 酶的最低反应温度（$T_E-25℃$）时，酶的合成反应会非常缓慢，但片面考虑提高温度又会造成引物脱落而不能进行 PCR 扩增。所以 T_a 的选择应满足 $T_E-25℃<T_a<T_E$。因此 PCR 反应的退火温度一般为 50～60℃。常见 PCR 反应设计的 T_m 值为 55～65℃。

从上面的公式可以看出，GC 含量越高，T_m 值越高；GC 含量越低，T_m 值越低。一般来说，引物的 GC 含量为 40%～60%。

（3）引物 3′ 端和 5′ 端。引物的延伸从 3′ 端开始，因此 3′ 端的几个碱基与模板 DNA 均须严格配对，否则不能进行有效的延伸；Taq 酶在 3′ 端错配时延伸效率是不一样的，延伸效率为 T>G=C>A。即当引物 3′ 端为 A 时，即使有错配碱基也最不易延伸，所以引物设计时可将 3′ 端设计为 A，以提高复制精确性。另一种理论是 3′ 端应设计为 G 或 C，因为 G 和 C 的氢键多于 A 与 T，能更好地与模板结合开始 DNA 合成，当然对错配延伸效率方面就不能苛求了。总而言之，引物的 3′ 端不要考虑使用 T。

引物 5′ 端可以有与模板 DNA 不配对的碱基，因此在引物 5′ 端可以根据目的加入相关接头：①5′ 端加上限制性内切酶位点序列（酶切位点 5′ 端加上适当数量的保护碱基）；②5′ 端的某一位点修改某个碱基，进行点突变；③5′ 端标记放射性元素或非放射性物质（生物素、地高辛等）。

（4）正反引物间及引物内不形成二级结构。正反引物间不能配对是指两个引物分子的碱基序列不能有配对的多个碱基，特别是在引物的 3′ 端。若发生这种情况会形成引物二聚体，造成扩增失败。一般要求两个引物分子间配对碱基数小于 5 个。

引物自身应无发卡结构，即引物自身没有可以相互匹配的序列，否则引物将会折叠后形成发卡（茎环）结构而无法与模板相互配对，尤其要避免引物 3′ 端形成发夹结构，否则将严重影响 DNA 聚合酶的延伸。

（5）正反 2 个引物的 T_m 值应该尽量相近。引物设计时应注意使 2 个引物的 T_m 值相近，否则 2 个引物必然不能同时达到最佳退火温度，将会影响 PCR 扩增效果。因为影响引物设计的因素比较多，所以常利用计算机来辅助设计，通常可用 Primer Premier 5.0 软件或其他 PCR 引物设计程序来帮助设计。

2. 引物设计的常用方法

常用的引物设计软件有 Primer Premier 5.0、NetPrimer、Oligo 等，也可以通过 primer 3（https://bioinfo.ut.ee/primer3/）、https://www.ncbi.nlm.nih.gov/tools/primer-blast/ 等进行引物设计。

三、实验软件

下面以 Primer Premier 5.0 软件为例，介绍利用目标序列设计引物的操作方法。Primer Premier 5.0 可以在各大生物网站或软件平台免费下载。

四、实验步骤

（1）下载 Primer Premier 5.0 后，打开软件，依次选择 "File" "New" "DNA sequence"，在出现的新窗口中上传或粘贴需要设计引物的序列区。如果是基因组序列，可以左右各预留大约 200 nt 的序列供引物设计时选择。如果是 cDNA 或基因编码区（CDS）则不需要额外添加左右邻近序列。

（2）选择缺省引物设计参数，或自行选择引物所需的长度、最佳退火温度和 GC 含量等参数，点击左上角 "Primer" 按钮，软件将自动在序列内进行搜寻，返回最优的 10 对引物对序列信息。

（3）一般选择排序最靠前的引物对，核实引物序列长度、退火温度、无特殊二级结构及引物间配对等，将序列拷贝到 word 或其他文本编辑界面。

（4）在使用酶切-连接方法构建载体时，设计引物后要在引物的 5′ 端进行限制酶位点的添加。根据目标基因和选择的载体确定合适的限制性内切酶酶切位点，在特异的限制性内切酶序列外侧，还需要添加 2～3 nt 的保护碱基，使得扩增后的 PCR 片段含有完整的特异性限制性内切酶识别位点。根据不同限制性内切酶，保护碱基的选择有所不同，可以查阅相关说明文档。表 9-1 列出部分常见限制性内切酶及保护碱基的信息。

表 9-1　*Mlu* Ⅰ 和 *Spe* Ⅰ 酶切位点及保护碱基下的切割率

限制性内切酶	寡核苷酸序列 （加粗字体为限制性内切酶位点）	链长（nt）	切割率（%）	
			2 h	20 h
Mlu Ⅰ	GA**CGCGT**C	8	0	0
	CGA**CGCGT**CG	10	25	50
Spe Ⅰ	GA**CTAGT**C	8	10	>90
	GGA**CTAGT**CC	10	10	>90
	CGGA**CTAGT**CCG	12	0	50
	CTAGA**CTAGT**CTAG	14	0	50

五、注意事项

引物的设计跟模板 DNA 序列有很大关系。如果在预定的模板序列中没有办法找到符合条件的引物，在基因组序列已知的情况下可以适当放宽序列上下游的范围，分别向 5′ 区和 3′ 区来查找符合引物设计原则的目标序列。另外，任何一对引物的设计，要以最终能否成功扩增的实验结果为最终评价标准，在不同的 PCR 仪器和 PCR 参数设置方面也可以做一定的调整，以获得最佳的扩增效果。

六、实验结果与分析

本综合实验选用初始载体为改造后的 pCAMBIA2300-35S 双元载体、目标基因为红色荧光蛋白基因 *DsRED2*（全长 678 bp）。通过分析目标基因酶切位点和载体多克隆位点，确定酶切位点（*Mlu* Ⅰ 和 *Spe* Ⅰ）和引物接头（5′-CG ACGCGT CG-3′ 和 5′-G ACTAGT C-3′）；设计扩增全长 cDNA 的序列，并在两端加入 *Mlu* Ⅰ 和 *Spe* Ⅰ 的酶切接头。获得的引物序列为 *DsRED2*-F1：5′-CG ACGCGT CGATGGCCTCCTCCG AGGA-3′，*DsRED2*-R1：5′-G ACTAGT CCTACAGGAACAGGTGGTGGC-3′。PCR 扩增退火温度为 52℃，扩增产物长度为 696 bp。

七、思考题

1. 引物设计应遵循什么原则？
2. 什么是 T_m 值，有何用途，如何计算？
3. 请自行获取一个目标基因（DNA 序列），进行引物设计，并根据目的添加相关的接头序列，根据设计的引物和所含有的限制性内切酶序列，计算扩增得到的 PCR 产物片段的大小，精确到 1 bp。

实验十　目标基因的 PCR 扩增

一、实验目的

1. 掌握 PCR 扩增的原理和实验操作。
2. 掌握琼脂糖凝胶检测的原理和方法。

二、实验原理

PCR 扩增的实验原理见实验四,在目标基因扩增的时候,可以根据实验目的使用 DNA、cDNA、菌液 / 菌体、质粒等作为扩增模板。

PCR 扩增产物可用琼脂糖凝胶进行检测,琼脂糖凝胶检测的实验原理见实验三。

三、材料与用品

1. 实验材料与试剂

模板 DNA/cDNA/ 质粒 DNA（50 ng/μL）、10×PCR 反应缓冲液（含 $MgCl_2$）、10×dNTP混合液（10 mmol/L）、*Taq* 酶（5 U/μL）、F/R引物（10 μmol/L）、无菌 ddH_2O、矿物油、琼脂糖、溴化乙锭（EB）、DNA ladder（分子量标记）、1×TAE 缓冲液、6×上样缓冲液等。

2. 实验器具

PCR 自动扩增仪、离心机、微量移液器及枪头、0.2 mL PCR 管、天平、微波炉、电泳仪、水平电泳槽、紫外透射仪、200 mL 锥形瓶等。

四、实验步骤

1. 准备 PCR 反应混合液

（1）取 0.2 mL PCR 管一只,用微量移液器按以下顺序分别加入各试剂。

组分	10× 缓冲液	10×dNTP	F 引物	R 引物	模板 DNA	*Taq* 酶	ddH_2O	总计
体积（μL）	2	0.5	0.5	0.5	1	0.2	补平	20

以每个 PCR 反应为 20 μL 体系为例,如果配制 *n* 个反应,则将混合液各组分依次扩大 *n* 倍,引物和模板可根据需求单独添加。

（2）用手指轻弹 PCR 管底部,使溶液混匀。

（3）加 20 μL 矿物油封住溶液表面。

2. PCR 扩增反应

在 PCR 自动扩增仪上设置 PCR 程序如下,①解链:95℃ 5 min;②循环:

95℃变性 30 s，55℃复性 30 s，72℃延伸 1 min，设置循环数为 30；③最终延伸：72℃ 5 min；④保存：25℃ 10 s（该步骤时反应已经完成并且将样品冷却到了室温，应尽快取出进行凝胶检测）。程序设置完成后，将配制好的 PCR 反应混合液放置在 PCR 仪中进行扩增。程序结束后，取出 PCR 管，产物在 1% 的琼脂糖凝胶中进行检测。

3. 琼脂糖凝胶电泳

（1）制备 1 %（M/M）的琼脂糖凝胶，在天平上用称量纸称取 0.3 g 琼脂糖，倒于 200 mL 锥形瓶中，加入 30 mL 1×TAE 缓冲液，盖上盖子，放入微波炉中火加热至琼脂糖融化，其间注意不要剧烈沸腾以免溢出。

（2）将小号胶板放入胶槽中，插上梳子，待溶液冷却至 60℃左右，添加 300 μL 溴化乙锭（EB）溶液，并充分混匀。将其倒入胶槽中，待其自然冷却凝固，该过程约需要 20 min。

（3）凝胶凝固后，拔出梳子，取出胶板放入水平电泳槽中，缓缓加入 1×TAE 缓冲液，使缓冲液刚刚浸没凝胶表面即可。

（4）在每个样品中加入 6× 上样缓冲液，混合均匀即可点样，按顺序点样，并在一侧点 DNA ladder。

（5）点样完成后，插好正负极电泳槽盖板，连接好电源，设置电压 80 V 进行电泳，电泳指示剂迁移至凝胶的 2/3 处即可停止电泳。

（6）取出凝胶，用保鲜膜包好，放入紫外透射仪的托盘，打开紫外透射仪，运行图像采集软件，进行图片的采集和保存。

五、注意事项

PCR 扩增除了模板和引物的特异性结合，其他 PCR 试剂的浓度和质量，特别是酶的选择，对 PCR 扩增的产物量和条带特异性有很大的影响。在选用试剂的时候应该以 *Taq* 聚合酶为第一要素，选择适配的 PCR 反应缓冲液和可能需要调整的无机盐离子，来达到最佳 PCR 扩增的效果。如果发生非特异性扩增，应该先排除试剂的问题，再从引物或模板找原因。一般来说，影响 PCR 实验的各种因素排序中，模板的质量影响最大，其次是引物和模板的结合，最后才是试剂和 PCR 仪器参数。

琼脂糖凝胶电泳时一般根据电泳槽的长度来设置电压，最终电压根据 3～5 V/cm 来进行设置。例如，20 cm 长的电泳槽应用 60～100 V 进行电泳，电流太大会严重影响电泳效果的稳定性，片段较小的情况下选择较低的电压。

6× 上样缓冲液中一般含有二甲苯青和溴酚蓝两种显色剂，其中溴酚蓝在凝胶中呈蓝色，二甲苯青呈青色。在 1%～5% 的琼脂糖凝胶电泳中，溴酚蓝和二甲苯青的迁移率分别约与 300 bp 和 4000 bp 的双链线性 DNA 片段相同。跑电泳时，待溴酚蓝迁移到凝胶下半部，即可停止电泳。

如果在点样过程中未添加 EB，也可以在跑胶结束后，将胶块放置于含有

0.5 μg/mL EB 的专用染色液中进行染色 10～20 min 后再拿出来拍照观察。

EB 为强致癌物，操作过程应严格穿戴 2 层手套，并注意操作台面的污染和操作后的清洁，污染的手套丢弃于专用的容器中。

六、实验结果与分析

在 PCR 电泳结果中，需要特别标注所用模板、所用引物、应得到的产物大小（多少个 bp 或 kb）、是否存在非特异性扩增等。如图 10-1 所示，在扩增 *DsRED2* 基因的时候，某小组利用质粒 DNA 为模板和实验九中设计的 *DsRED2*-F/R 引物反应，得到的 PCR 产物在 750 bp 条带下方有一条非常特异和明亮的条带（N 为不加质粒模板的阴性对照），产物大小根据模板中引物结合区段计算也符合预期，说明扩增成功并且无明显非特异扩增。

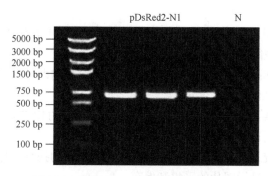

图 10-1　质粒 DNA 扩增产物跑胶检测

七、思考题

1. 如果出现非特异性条带，可能的原因有哪些？
2. 如何根据产物大小选择琼脂糖凝胶的配制浓度？

实验十一　载体的选择和质粒的提取

一、实验目的

1. 了解载体的分类和特点。
2. 了解质粒的生物学特性。
3. 掌握质粒提取与纯化的步骤。

二、实验原理

1. 载体的分类和特点

（1）载体的分类：按照转入受体细胞的类型分为原核载体、真核载体和穿梭载体；按照功能分为克隆载体、表达载体。常用的载体有质粒载体和病毒载体。

（2）基因工程载体的特点：①有独立的复制起始位点，在宿主细胞中能独立复制。②包含多个限制性酶切位点（多克隆位点，MCS），克隆携带外源 DNA 片段。③有选择标记，如 Amp、Kan 等，便于选择含重组 DNA 分子的寄主细胞及后续检测。④分子量小、多拷贝、易于操作。

（3）载体选择主要考虑下述 5 点：①根据构建 DNA 重组体的目的（克隆扩增 / 基因表达）选择合适的克隆载体 / 表达载体。②根据克隆能力选择合适的载体，分子克隆实验中一般选用质粒载体；表达载体要根据受体细胞类型（原核细胞、真核细胞、穿梭细胞、*E.coli*、哺乳动物细胞）进行选择；原核表达载体用于表达真核蛋白质时要注意克服阅读框错位等。③载体 MCS 中的酶切位点数与组成方向。④有易检测的标记，多是抗生素的抗性基因。⑤是否需要加入荧光标记或者标签蛋白，是否需要真核生物（如植物）中的选择抗性等。

2. 质粒的生物学特性

质粒（plasmid）是一种染色体外的稳定遗传因子，大小为 1~200 kb，是具有双链闭合环状结构的 DNA 分子，主要发现于细菌、放线菌和真菌细胞中。质粒可以环状独立游离在细胞质内，也可通过重组整合到宿主的染色体中。质粒具有自主复制和转录的能力，能在子代细胞中保持恒定的拷贝数 / 表达量，可表达其所携带的遗传信息，如抗性基因编码的蛋白质，使细菌获得耐受抗生素的表型等。

在细胞内，质粒可以三种形式存在，正常情况下质粒主要以超螺旋形式（共价闭环 DNA，covalently closed circular DNA，cccDNA）存在；若两条链中有一条链发生一处或多处断裂，质粒分子则以开环 DNA（open circular DNA，ocDNA）形式存在；若质粒 DNA 两条链在同一处发生断裂，质粒分子以线状 DNA（linear DNA，lDNA）形式存在。cccDNA、ocDNA 和 lDNA 的质粒由于迁移速度不同，在电场中具有不同的泳动速度，其中 cccDNA 型迁移最快，其次为 lDNA，因为开环结构臃肿，空间阻力大，所以 ocDNA 跑得最慢，因此质粒 DNA 在电泳凝胶中可呈现 3 条带（图 11-1）。cccDNA 含量越高，说明质粒 DNA 质量越高。

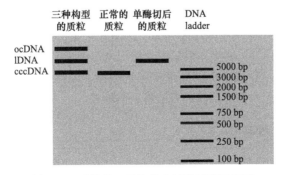

图 11-1　质粒的三种构象和迁移速度示意图

3. 质粒的提取

碱裂解法是一种应用最为广泛的制备质粒 DNA 的方法。碱裂解法基于染色体 DNA 与质粒 DNA 的大小及变性与复性的差异而实现对质粒的分离。在 pH 高达 12.6 的碱性条件下，染色体 DNA 的氢键断裂，双螺旋结构解开而变性，质粒 DNA 的大部分氢键也断裂，但超螺旋共价闭合环状的两条互补链不会完全分离，当后续以 pH 4.8 的 NaAc/KAc 缓冲液中和至 pH 为中性时，染色体 DNA 不能复性而形成缠连的网状结构，与不稳定的大分子 RNA、蛋白质-SDS（十二烷基磺酸钠）复合物等通过离心一起沉淀而被除去，而质粒 DNA 恢复原来的构型并保留在上清液中，后续经过 DNA 吸附柱吸附、洗涤、洗脱得到纯度较高的质粒 DNA。具体过程如下。

（1）细胞的裂解。细胞的裂解指通过溶菌酶、去污剂等试剂破裂细胞壁与细胞膜的过程。根据细胞壁组成和特性不同，对于不同的菌要用不同的破壁方法，通常有煮沸法、非离子型去污剂法、碱性 SDS 法（简称碱法）等。非离子型去污剂法较温和，适用于抽提 10 kb 左右的质粒；而煮沸法与碱性 SDS 法相对较剧烈，常用于抽提小于 10 kb 的质粒。常用的去污剂有离子型去污剂如 SDS、非离子型去污剂如聚乙二醇辛基苯基醚（Triton X-100）等。

（2）质粒 DNA 的分离。质粒 DNA 的分离就是将质粒 DNA 和染色体 DNA 分离。碱法的分离原理如下：$E.\ coli$ 的染色体长约 4700 kb，在细胞裂解过程中断裂成不同长度的双链 DNA 片段。当溶液的 pH 大于 12 时，双链 DNA 中的氢键被破坏，染色体 DNA 的双链分离；而超螺旋状态的质粒 DNA 仅仅是氢键被破坏，且只发生部分双链解离成单链的变化。当 pH 再回到中性时单链 DNA 互相缠绕且与蛋白质结合生成网络状大分子，而质粒 DNA 复性后仍是小分子，通过离心的方法很容易将二者分开，达到分离的目的。

（3）质粒的纯化。细胞裂解液后的杂质除了染色体 DNA 外还有细胞壁和膜碎片、蛋白质、脂类物质及 RNA。RNA 可用牛胰 RNase A 分解除去。蛋白质可通过酚、酚/氯仿、氯仿/异戊醇，使蛋白质变性而除去；同时，氯仿有强烈的溶脂倾向，在除去蛋白质的同时去除脂质类杂质；氯仿还能将水溶液中微量的酚抽提掉，而酚对于后续酶切、转化等过程都会产生不利影响。氯仿/异戊醇的蛋白质变性能力较弱，主要用于含酚试剂处理后的抽提。

纯化正确的过程应该是先用酚处理，再用酚＋氯仿（1∶1），最后用氯仿（或氯仿∶异戊醇为 24∶1）抽提，根据实验情况也可考虑省略第一或第二步，但切记不可将氯仿（氯仿/异戊醇）的处理步骤省略掉。纯化后的水溶液中仍有痕量的酚、氯仿等，可用无水乙醇沉淀的方法将它们除去。

三、材料与用品

1. 实验材料与试剂

含 pCAMBIA2300-35S 质粒的 $E.\ coli$、Bioflux 质粒小提试剂盒、LB 液体培养

基和平板（Kan$^+$）、溶液 I ［含 50 mmol/L 葡萄糖，25 mmol/L Tris-HCl（pH 8.0），10 mmol/L EDTA（pH 8.0）］、溶液 II（含 0.2 mol/L NaOH，1% SDS）、溶液 III（醋酸钾缓冲液，pH 4.8）、苯酚 / 氯仿 / 异戊醇（25 : 24 : 1）、无水乙醇、6× 溴酚蓝上样缓冲液、TE（Tris-EDTA）缓冲液、ddH$_2$O、RNase A。

2. 实验器具

1.5 mL 离心管，2 mL 离心管，微量移液器 10 μL、100 μL、1000 μL 各一支，涡旋振荡仪、台式高速离心机（20 000 r/min）、电泳仪、电泳槽、凝胶成像仪、冰浴、纸巾等。

四、实验步骤

1. 碱裂解法

（1）挑取 LB 平板上生长的单菌落，接种于 20 mL LB（含 Amp 100 μg/mL）液体培养基中，37℃、250 r/min 振荡培养过夜（12~14 h）。

（2）在 1.5 mL 离心管中加入 1.2 mL 菌液，12 000 r/min 离心 1~2 min，弃上清液，将离心管倒置于吸水纸巾上，使液体尽可能流尽。

（3）菌体沉淀重悬浮于 100 μL 溶液 I 中（需涡旋振荡，使菌体分散混匀），室温下放置 5~10 min。

（4）加入 200 μL 新配制的溶液 II，盖紧管口，快速温和颠倒离心管数次，以混匀内容物（千万不要振荡），冰浴 5 min，使细胞膜裂解。

（5）加入 150 μL 预冷的溶液 III，盖紧管口，将管温和颠倒数次混匀，见白色絮状沉淀出现，可在冰上放置 5 min，12 000 r/min 离心 10 min。

（6）上清液移入干净的离心管中，加入等体积的酚 / 氯仿 / 异戊醇，振荡混匀，12 000 r/min 离心 10 min。

（7）小心移出上清液于一个新的微量离心管中，加入 2 倍体积预冷的无水乙醇，混匀，室温放置 2~5 min，12 000 r/min 离心 10 min。

（8）弃上清液，将管口敞开倒置于卫生纸上使所有液体流出，加入 1 mL 70% 乙醇洗沉淀一次，12 000 r/min 离心 5 min。

（9）吸除上清液，将管倒置于卫生纸上使液体流尽，室温干燥。

（10）将沉淀溶于 20 μL TE 缓冲液（pH 8.0，含 20 μg/mL RNaseA，约 4 μL）或 ddH$_2$O 中，37℃水浴 30 min 以降解 RNA 分子，然后储于 −20℃冰箱中。

2. 试剂盒法（Bioflux 质粒小提试剂盒）

（1）在超净工作台上，取灭菌过的 2 mL 的离心管，加入过夜培养或扩大培养的菌液 2 mL，在台式高速离心机中 12 000 r/min 离心 1 min，倒掉上清液，如果质粒拷贝数比较低，可再加入 2 mL 菌液，重复此步骤一次。

（2）菌液重悬：加入 250 μL 试剂盒中提供的 solution 1，振荡或用移液枪配 1 mL 枪头将菌液吹打混匀。

（3）菌液裂解：加入 250 μL 试剂盒中提供的 solution 2，轻轻颠倒几次混匀。该步骤特别注意不要涡旋振荡或剧烈吹打，以防染色体 DNA 断裂。

（4）中和：加入试剂盒中提供的 350 μL 溶液Ⅲ，立即轻轻颠倒混匀，该步骤会立刻形成白色沉淀物，12 000 r/min 离心 10 min。

（5）吸附：小心吸取 700 μL 上清液，转移到放置于 2 mL 离心管上的吸附柱内，12 000 r/min 离心 1 min，该步骤中质粒 DNA 会特异结合到有核酸吸附特性的离子交换柱上，流出的废液会聚集于离心管内，倒出废液，将柱子放回空管子上。

（6）洗涤 1：加入试剂盒中提供的 500 μL W_1，静置 2 min，12 000 r/min 离心 1 min，弃废液，将柱子放回空管子上。

（7）洗涤 2：加入试剂盒中提供的 700 μL W_2，静置 2 min，12 000 r/min 离心 1 min，弃废液，重复该步骤一次（确保在使用 W_2 前，已在其中加入说明书所需的乙醇）。

（8）洗脱：将吸附柱转移到一个新的 1.5 mL 离心管内，吸附柱中小心加入 50 μL 灭菌过的 ddH$_2$O，12 000 r/min 离心 1 min，收集到的洗脱下来的质粒可直接进行浓度和电泳检测，或置于 −20 ℃保存。

3. 质粒 DNA 凝胶电泳检测

取 2 μL 质粒稀释为 8 μL 后，加入 1.5 μL 6× 溴酚蓝上样缓冲液，混匀后进行 1% 的琼脂糖凝胶电泳，成像观察。具体操作见实验十琼脂糖凝胶电泳检测。

五、注意事项

根据实验目的选择纯化方法，纯化的步骤越多，得到的 DNA 越纯，但得到的 DNA 量也越少，所以并不是纯化的步骤越多越好。

沉淀 DNA 通常使用冰乙醇，在低温条件下放置时间稍长可使 DNA 沉淀完全。沉淀 DNA 也可用异丙醇（一般使用等体积），其沉淀完全、速度快，但常把盐沉淀下来，所以多数还是用乙醇。

六、实验结果与分析

计算从 20 mL 含有重组质粒的 LB 过夜培养物中提取到的质粒浓度，记录 OD_{260} 和 OD_{280} 的吸收值和比值。根据结果评价质粒提取的效率和纯度。

质粒 DNA 检测：检测 260 nm、280 nm 吸光值，紫外分光光度计 $A_{260}/A_{280}=$ 1.8～1.9，1.8 最佳，低于 1.8 说明有蛋白质，大于 1.8 说明有 RNA。琼脂糖凝胶检测下，质粒一般呈现超螺旋状态。

七、思考题

1. 染色体 DNA 与质粒 DNA 分离的主要依据是什么？

2. 如何评估提取质粒所得的质粒浓度和 OD_{260}/OD_{280} 的值？如果所得质粒中含

有较多的盐，后续可以通过什么方法将质粒进一步纯化？

实验十二　质粒载体的酶切及与 PCR 产物的连接

一、实验目的

1. 掌握限制性内切酶工作的原理。
2. 掌握限制性内切酶酶切的实验操作步骤与方法。
3. 掌握 T_4 DNA 连接酶的工作原理。
4. 了解常用载体构建的方法。
5. 掌握线性化载体与外源 DNA 片段的连接方法。

二、实验原理

1. 限制性内切酶

限制性内切酶是一类能够识别特殊的核苷酸序列并在识别位点内部或附近切割 DNA 分子的内切酶。其在分子生物学实验中用途广泛，如 DNA 的重组、DNA 的检测等。根据反应所需的必要因子和切断点等特性主要分Ⅰ型、Ⅱ型和Ⅲ型，最常用的是Ⅱ类限制性内切酶。

Ⅱ类限制性内切酶的特点：①有特定识别序列，通常为 4～6 bp 的回文对称序列；②切割位点位于识别序列内，切割后在 5′ 端有磷酸基团，3′ 端有羟基；③切割后形成黏性末端（5′ 突出端 /3′ 突出端）或平末端；④其活性发挥需要 Mg^{2+} 作辅酶。例如，*Mlu* Ⅰ能够识别碱基序列 "ACGCGT" 并对其进行剪切；*Spe* Ⅰ则能够识别碱基序列 "ACTAGT"。用 *Mlu* Ⅰ和 *Spe* Ⅰ同时酶解含有这两个单一酶切位点的环状双链 DNA 分子，就产生两条带有相应酶切位点的线状 DNA 分子，这一过程称为酶切反应。

限制性内切酶常用活性单位表示，一个活性单位（1 U）通常指在 50 μL 反应体系中，37℃下经过 1 h 的反应将 1 μg 的 DNA 完全分解所需要的酶量。绝大多数酶的反应温度是 37℃，酶切反应时间需 30 min、60 min 甚至 2 h 以上。对于酶的用量，一般的做法是 1 U 酶在 15～20 μL 酶解液中酶解 1 μg DNA。酶切反应需要 Mg^{2+} 以及一定的盐离子浓度，但不同的内切酶达到其最佳酶切效率所需的盐浓度却不同，因此生产厂商在销售不同种类的内切酶的同时往往附带该内切酶所需的专门缓冲液。限制性内切酶在极端非标准条件下使用时对底物 DNA 的特异性可能降低，即可将与原来识别的特定 DNA 序列不同的碱基切断，称为限制性内切酶的 star 活性。

终止酶切反应时，通常在 65℃水浴中保温 10 min 可使大部分酶失活。如将 *Eco*R Ⅰ酶置 65℃水浴中，保温 10 min，即会丧失 95% 酶的活性。限制酶一般都保存在 50% 甘油缓冲液中，当保存在 10% 甘油缓冲液中时，酶的活力会丧失更快。对于少数较耐热的酶，在加热前先加 pH 7.5 的 EDTA，至终浓度为 10 mmol/L，由于 EDTA 螯合了反应系统中所有的二价阳离子，酶切反应更加容易被终止。

　　在载体构建的过程中，常常用到双酶切，双酶切时需要注意以下几点：①如果所用两种酶的反应条件完全相同（温度、盐离子浓度等），那么可以将它们同时加到一个试管中进行酶切；②如果所用的两种酶对温度要求不同，那么要求低温的酶先消化，高温的酶后消化，进行两次酶切；③如果两种酶对盐离子浓度要求不同，则要求低盐的酶先消化，高盐的酶后消化。具体方法是：在低盐缓冲液中加入第一个酶，反应结束后，补加 1/10 体积的高盐缓冲液，加入第二个酶再消化，或第一个反应结束后抽提 DNA，再用高盐缓冲液酶切。目前，各试剂商都提供了双酶切缓冲液或通用缓冲液，可以根据说明书进行操作。

　　2. DNA 连接酶

　　DNA 连接酶（DNA ligase）是重组 DNA 必不可少的工具酶，最早的 DNA 连接酶是从 T_4 噬菌体中提取的。在分子克隆中使用的 DNA 连接酶有两种：E. coli DNA 连接酶和 T_4 DNA 连接酶。这两种酶都能催化 DNA 中相邻的 3′-OH 和 5′-磷酸基末端之间形成磷酸二酯键并把两段 DNA 连接起来。两种 DNA 连接酶都不能催化单链 DNA 之间的连接反应。T_4 DNA 连接酶可以催化两个具有黏性末端或者平头末端的双链 DNA 片段之间的连接反应。

　　3. 常用的载体构建方法

　　（1）酶切-连接法：含有目的基因的 DNA 片段和载体 DNA 进行体外连接，涉及限制酶、连接酶等的酶促反应。其中限制酶用于把载体 DNA 切开形成平端或黏性末端；连接酶用于连接载体和外源 DNA 片段。一般采用双酶切，实现目标片段的定向插入。

　　（2）Gateway 技术：Gateway 技术是一种常用的同源重组技术，来源于 λ 噬菌体 DNA 的位点特异性重组，实现了基因快速定向克隆及载体间平行转移。该技术中，在目标基因两端分别加上 attB 接头，带有 attB 接头的 PCR 产物（attB1-目的基因-attB2）与含有 attP 接头的供体载体（pDONR，含 attP1-ccdB-attP2 序列）在重组酶的作用下进行 BP 重组反应，生成含有 attL 位点和目的基因的入门载体（attL1-目的基因-attL2）。入门载体与含有 attR 位点的目的载体在重组酶的作用下进行 LR 重组反应，最终生成含有 attB 位点的表达载体（图 12-1）。其中入门载体可以与多种不同用途的目的载体兼容。一般情况下，attB1 位点只能与 attP1 位点重组而不与 attP2 位点重组；同样 attL1 位点只能与 attR1 位点重组，实现目的基因的定向重组（图 12-1）。

　　（3）In-Fusion 克隆技术：以同源重组为基础的快速高效载体构建技术，能够将单个或多个 DNA 片段快速定向克隆到任意载体中。In-Fusion 酶识别 DNA 片段和线性化载体末端的 15 bp 同源序列，通过同源重组 DNA 片段和载体进行连接。该

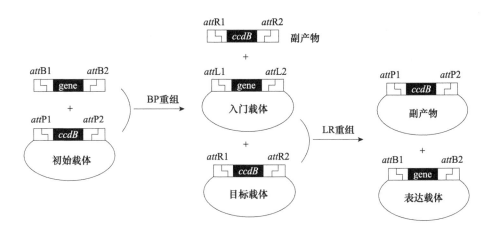

图 12-1　Gateway 同源重组技术载体构建示意图

技术中，通过限制酶将目的载体进行酶切，获得线性化的载体，根据线性化载体 5′ 端 15 bp 序列，设计一对 15 bp 的引物接头，通过 PCR 反应分别连接在目的基因 5′ 端，将带有接头的 PCR 产物（N15-目的基因-N′15）与线性载体（N15-线性载体-N′15）通过 In-Fusion 重组反应即可获得重组表达载体（图 12-2）。

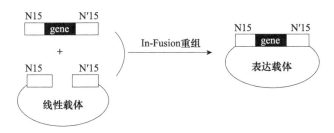

图 12-2　In-Fusion 同源重组技术载体构建示意图

三、材料与用品

1. 实验材料与试剂

pCAMBIA2300-35S 质 粒、*Mlu* I 酶、*Spe* I 酶、10×buffer、T₄ DNA 连 接 酶、2× 连接 Buffer、目的基因 PCR 扩增片段、电泳缓冲液、琼脂糖、溴化乙锭、DNA ladder（分子量标记）、ddH₂O 等。

2. 实验器具

低温冷冻高速离心机、恒温水浴箱、超净工作台、冰箱、离心管（0.5 mL、1.5 mL）、微量移液器及枪头、电泳仪、水平电泳槽、天平、紫外透射仪等。

四、实验步骤

1. 质粒 DNA 和 PCR 产物的酶切

（1）在 1.5 mL 离心管中按以下体系分别加入各成分。

组分	载体组（μL）	PCR 产物组（μL）
10× Buffer	2	2
Mlu I 酶	1	1
Spe I 酶	1	1
pCAMBIA2300-35S 质粒	5	
PCR 产物	11	10
ddH$_2$O		6
总计	20	20

（2）混匀，3000 r/min 离心 5 s 后，37℃下放置 1 h。

2. 酶切后质粒的电泳检测

取 8 μL 酶切产物至另一支离心管，加入 1 μL 6× 溴酚蓝上样缓冲液混匀后，进行 1% 的琼脂糖凝胶电泳，成像观察。具体操作见实验十琼脂糖凝胶电泳检测。

3. PCR 产物与载体的连接

（1）在 0.5 mL 离心管中按以下体系分别加入各成分。

组分	2× 连接 Buffer	T$_4$ DNA 连接酶	pCAMBIA2300-35S 质粒	PCR 产物
体积（μL）	2.5	0.5	1	1

（2）用微量移液器轻轻混匀，16℃放置 4 h 或者 4℃放置 16 h，立即置于冰上。

（3）反应后的产物可用于 *E. coli* 的转化。

五、注意事项

影响酶切反应的因素很多，需要注意以下几点。①酶切反应在冰上进行。②操作时首先要保证质粒 DNA 的纯净，样品中过高的盐分和痕量酚等都会使酶切反应无法正常进行。③严格控制限制性内切酶的用量在总反应体积的 1/10，否则，甘油浓度过高会抑制酶活性。④尽可能地降低反应总体积，增大酶与底物间的碰撞机会，增加反应速度。⑤不同的酶使用不同的反应液。双酶切时选择两种酶活性均较高的反应液，不能选择合适的反应液时，先使用低盐反应液，加入相应的酶，然后补加一定的盐离子和对应的酶。

六、实验结果与分析

如图 12-3 所示，抽提质粒酶切后进行琼脂糖凝胶电泳，pCAMBIA2300-35S 质粒大小为 9500 bp 左右，*Mlu* I 酶切位点和 *Spe* I 酶切位点间隔为 144 bp，*Mlu* I 酶和 *Spe* I 酶双酶切后产生一个大的线性质粒条带和 144 bp 的条带。

七、思考题

1. 什么是限制性内切酶的 star 活性？怎么避免限制性内切酶的 star 活性？

2. DNA 的酶切实验要注意哪些问题？

3. 影响 PCR 产物与载体连接的原因有哪些？

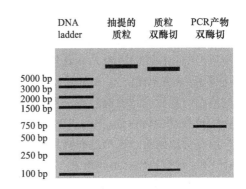

图 12-3 利用限制性内切酶 *Mlu* I 和 *Spe* I 酶切质粒和 PCR 产物的琼脂糖凝胶电泳图

实验十三 重组质粒转化大肠杆菌

一、实验目的

1. 了解大肠杆菌（*E. coli*）感受态的制作方法。
2. 掌握 *E. coli* 化学法转化的基本操作及原理。

二、实验原理

1. 转化

转化（transformation）是将一种生物（供体）的遗传物质（通常为 DNA）转入另一种生物（受体）并使其在受体中得以保存和繁殖的过程。进入感受态细胞的 DNA 分子通过复制、表达，实现遗传信息的转移，使受体细胞出现新的遗传性状。将经过转化后的细胞在选择性培养基中培养，即可筛选出转化体（带有异源 DNA 分子的受体细胞）。

2. 感受态细胞

感受态细胞（competent cell）指细菌受体（或者宿主）最易接受外源 DNA 片段并实现其转化的一种生理状态的细胞，它是由受体菌的遗传性状决定的，同时也受菌龄、外界环境因子的影响。环腺苷酸（cAMP）可以使感受态水平提高一万倍，而 Ca^{2+} 也可大大促进转化的作用。细胞的感受态一般出现在对数生长期，新鲜幼嫩的细胞是制备感受态细胞和进行成功转化的关键。

通过化学方法（包括 $CaCl_2$、$MgCl_2$ 等溶剂）可人工诱导细菌细胞进入感受态，最经典的是 $CaCl_2$ 法。即用低渗 $CaCl_2$ 溶液在低温（0℃）时处理快速生长的细菌，使细胞壁变松变软并膨胀成球形，外源 DNA 分子在此条件下易形成抗 DNA 酶的羟基-钙磷酸复合物黏附在细菌表面后，通过热激作用促进细胞对外源

DNA 的摄入。

3. E. coli 化学法转化的原理

经 $CaCl_2$ 处理后的 E. coli 与外源 DNA 分子混合并进行 42℃短时间的热激可促使外源 DNA 转化。进入感受态细胞的 DNA 分子通过复制、表达,实现遗传信息的转移。随后,将菌液涂布于含相应抗生素的选择性培养基平板上培养,当转化子中的抗性基因得以表达后,转化子在选择性培养基上可继续进行细胞分裂、增殖,并最终形成菌落,这个过程就是化学法转化。

4. 影响转化效率的因素

转化效率是衡量菌体处于感受态细胞多少的指标,一般定义为 1 μg 环状质粒 DNA 在感受态细胞过量的情况下产生的菌落数目(cfu),用 cfu/μg DNA 表示。常用的 E. coli 化学法感受态细胞转化效率可达 $10^5 \sim 10^6$ cfu/μg DNA。

影响转化效率的因素有以下几方面,①生长时期:实验发现在对数中期的 E. coli 易生成感受态。一般以 $OD_{600} = 0.3 \sim 0.4$ 为宜,转化时菌液浓度应不超过 10^7 个细胞/mL。② $CaCl_2$ 法 0℃放置时间长短的影响:细菌在 0℃下经过 $CaCl_2$ 处理后转化率会随时间的推移而增加,24 h 达到最高,之后转化率逐渐下降。③化合物及无机离子的影响:在 Ca^{2+} 的基础上,联合其他二价金属离子(如 Mn^{2+}、Co^{2+}),DMSO 或还原剂等物质处理细菌,可使转化率提高 100～1000 倍。④质粒大小、质量及浓度:质粒越大、转化效率越低;同时,在质粒的三种构型中,超螺旋质粒转化率最高,开环状质粒只有超螺旋质粒的 75%,线性质粒只有超螺旋质粒的 1%;另外,一般情况下,转化时 DNA 溶液的体积不应超过感受态细胞体积的 5%,载体与 PCR 产物的最佳摩尔比为 1∶7。

三、材料与用品

1. 实验材料与试剂

100 mmol/L $CaCl_2$(用超纯水配制后高温灭菌)、12.5%甘油、LB 液体培养基和 LB 平板(Kan^+)、DH5α、双元植物表达载体 pCAMBIA2300-35S-DsRED2 质粒 DNA(pCAMBIA2300 重组质粒)。

2. 实验器具

低温冷冻高速离心机、恒温水浴箱、恒温培养箱、超净工作台、冰箱、离心管、微量移液器及枪头、接菌环、涂布器、锥形瓶等。

四、实验步骤

1. E. coli 感受态的制备

(1)将 DH5α 菌株在超净工作台上接种(划线)到 LB 平板上,37℃培养过夜。

(2)从 LB 平板上挑取 DH5α 单个菌落接种在 5 mL LB 液体培养基中,37℃振荡培养过夜。

（3）次日取 0.5～1.0 mL 上述菌液，在超净工作台上接种于 50 mL 新鲜的 LB 液体培养基中，37℃振荡培养，直至 *E. coli* 的对数生长期（$OD_{600} = 0.3～0.4$）。将菌液置于冰上放置 5～10 min，然后在 4℃条件下 4000 r/min 离心 8 min，弃去上清液。

（4）沉淀的菌体悬浮于 20 mL 0.1 mol/L 冷 $CaCl_2$ 溶液中，冰水浴中放置 30 min，然后在 4℃条件下 4000 r/min 离心 8 min，弃去上清液（注意：操作动作要轻柔）。

（5）沉淀的菌体再重悬于 2 mL 0.1 mol/L 冷 $CaCl_2$ 溶液中，后按每管 50 μL 分装于 1.5 mL 无菌离心管中，即完成 *E. coli* 感受态细胞的制备。此外，感受态细胞可以在 12.5% 的无菌甘油中于－70℃超低温冰箱中长期保存（注意：操作动作要轻柔）。

2. 重组质粒转化 *E. coli*

（1）在超净工作台上，将上述感受态细胞放置于冰上。然后在每管感受态细胞溶液中加入 5 μL 连接产物，轻轻混匀后冰浴放置 20 min，同时设置一管不加质粒 DNA 的感受态细胞作为阴性对照。

（2）将混有质粒 DNA 感受态细胞的离心管置于 42℃水浴中热激 30 s。

（3）迅速将热激后的离心管转移至冰浴中，并放置 2 min。

（4）在超净工作台上，在热激后的细胞溶液中加入 400 μL LB 液体培养基，于 37℃进行复苏培养 45 min。

（5）取 100 μL 菌液在超净工作台上用涂布器均匀涂布到含 50 μg/mL 卡那霉素的 LB 平板上。

（6）待平板上的液体晾干后，标记并将平板倒置于 37℃恒温培养箱中过夜培养。

五、注意事项

1. 贮存的菌株应保存在－70℃下，有经验表明，直接从－70℃下取出的菌株，培养致敏感后，比连续使用或 4℃短期保存的细菌的转化率要高，倒皿前应收获对数期或对数生长前期的细菌用于制备感受态细胞。

2. 实验用的玻璃器皿、微量吸管及离心管等，应彻底洗净并进行高压消毒，表面去污剂及其他化学试剂的污染往往大幅度地降低转化率。

3. 制备感受态细胞的全部操作均须于冰浴低温下，同时注意无菌操作，防止感受态细胞受杂菌污染。

4. 42℃热处理时间很关键，转移速度要快，且温度要准确，同时注意热处理过程中离心管不要摇动。

5. 菌液涂皿操作时，应避免反复涂布，因为感受态细菌的细胞壁有了变化，过多的机械挤压涂布会使细胞破裂，影响转化率。

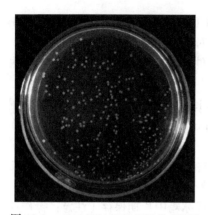

图 13-1　pCAMBIA2300-35S-*DsRED2* 重组质粒转化 *E. coli* 后在含有卡那霉素筛选培养基上的生长情况

六、实验结果与分析

如图 13-1 所示，经过 37℃培养一段时间后，含抗生素的平板上长出的每个白色斑点就是一个阳性克隆，每一个克隆都是由最初的一个转化有质粒 DNA 分子的转化细胞经过繁殖而来，称为一个单克隆。

七、思考题

1. 影响 CaCl$_2$ 法转化效率的关键因素有哪些？如何提高转化效率？

2. 有一位研究生在进行目标基因克隆时，用 0.1 ng 的重组质粒转化 100 μL 的感受态细胞，再加入 900 μL 的 LB 液体培养基进行复苏培养，取 50 μL 涂布平板后过夜培养，获得 200 个单克隆，请计算转化效率。

实验十四　重组子的筛选及鉴定

一、实验目的

1. 掌握重组子筛选的原理和方法。
2. 掌握菌落 PCR 扩增实验操作。

二、实验原理

1. 重组子筛选的方法

重组质粒 DNA 分子通过转化进入 *E. coli* 细胞后可以稳定遗传，会随宿主细胞的繁殖而复制和表达所携带的基因，从而赋予宿主细胞新的特性。将转化后的菌液涂布在含有特殊抗生素的培养基上培养，由于载体质粒上含有相应抗生素的抗性基因，因此只有转化的细菌才能生长形成菌落，即单克隆。之后可通过蓝白斑筛选，获得白色的含有重组质粒载体的单克隆，并通过菌落 PCR 和后续的测序获得含有目标基因的重组质粒载体（图 14-1）。

2. α 互补和蓝白斑筛选

许多载体（包括 pCAMBIA2300）都具有一段 *E. coli* β 半乳糖苷酶的启动子和 α 肽链的 DNA 序列（*LacZ'* 基因），宿主具有编码 β 半乳糖苷酶的 C 端基因，当二者产物组合在一起时，能产生具有活性的 β 半乳糖苷酶，此现象称为 α 互补。α 互补形成的活性 β 半乳糖苷酶可以催化 5-溴-4-氯-3-吲哚-β-D-吡喃半乳糖苷（X-gal）

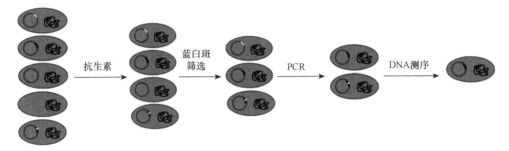

图 14-1　重组子的筛选

图中椭圆为 *E. coli* 细胞，圆圈为质粒，圆圈上的白色区域为混杂的非目标片段，圆圈上的黑色区域为目标片段，黑色区域上的白色点状为突变

产生蓝色产物。因此，任何携带 *LacZ′* 基因的质粒载体转化 *E. coli* 细胞后，在异丙基-β-D-硫代半乳糖苷（IPTG）的诱导下，会产生有活性的 β 半乳糖苷酶，在含有 X-gal 的培养基中产生蓝色菌落。当外源 DNA 片断插入位于 *LacZ′* 的多克隆位点后，就会破坏 α 肽链的阅读框，从而不能合成与受体菌内的 β 半乳糖苷酶互补的活性 α 肽链，不能形成具有活性的 β 半乳糖苷酶，因此在培养基中形成白色菌落。

3. 菌落 PCR

常规的 PCR 扩增需要进行细菌培养、质粒制备等多步操作后才能进行基因扩增操作，因此步骤烦琐、耗时较长。1989 年，Gussow Clackson 建立了菌落 PCR（colony PCR）法。菌落 PCR 直接以单个菌落作为模板，PCR 的第一步反应中，在95℃高温条件下，含有重组质粒的 *E. coli* 菌落细胞破裂，释放出基因组 DNA 以及质粒。以菌落裂解液为 PCR 体系的模板，然后进行链式扩增。菌落 PCR 直接跳过了抽提质粒 DNA 这一步，通过特异性引物或者通用引物对目的基因进行扩增从而大大节省了时间和成本。

三、材料与用品

1. 实验材料与试剂

模板 DNA（实验十三获得的单菌落）、*DsRED2*-F2：5′-AGTTCATGCGCTTCAAGGTG-3′ 和 *DsRED2*-R2：5′-GTGTAGTCCTCGTTGTGGGA-3′（浓度为10 μmol/L）、10×dNTP 混合液（10 mmol/L）、*Taq* 酶（5 U/μL）、10×PCR 反应缓冲液（含 MgCl₂）、无菌 ddH₂O、矿物油、琼脂糖、溴化乙锭（EB）、DNA ladder、1×TBE 缓冲液等。

2. 实验器具

PCR 自动扩增仪、离心机、微量移液器及枪头、0.2 mL PCR 管、电泳仪及水平电泳槽、透射紫外观察仪、200 mL 锥形瓶、灭菌牙签等。

四、实验步骤

1. 重组子的筛选

（1）在含有卡那霉素的培养基上进行筛选，阴性对照平板上无菌落，转化了质粒载体的平板上长出的菌落为含有目标质粒的单克隆。

（2）在含有 IPTG 和 X-gal 的平板上，蓝色菌斑为载体自连产生的单克隆，白色菌斑为含有重组质粒载体的单克隆。

2. 菌落 PCR

（1）取薄壁 0.2 mL PCR 管一只，用微量移液器按以下顺序分别加入各试剂，加无菌 ddH_2O 至 20 μL（以每个 PCR 反应为 20 μL 体系为例，如果配制 n 个反应，则将混合液各组分依次扩大 n 倍，模板单独加）。

组分	10×PCR反应缓冲液	10×dNTP	DsRED2-F2	DsRED2-R2	Taq 酶	无菌 ddH₂O	总计
体积（μL）	2	0.5	0.5	0.5	0.2	补平	20

（2）用手指轻弹 PCR 管底部，使溶液混匀。在台式离心机中低速、短暂离心以集中溶液于管底。

（3）用灭过菌的牙签挑取在平板上已经标记好号码的菌落，然后在对应管内的 PCR 反应液中轻轻搅动以使细菌细胞悬浮在溶液中，最后加 5～10 μL 矿物油封住溶液表面。

（4）PCR 扩增反应及凝胶检测同实验十。

五、注意事项

1. 减少扩增循环：25～30 个循环对于菌落 PCR 是比较合适的，扩增循环过多，容易产生假阳性。

2. 假阳性的控制：如果用载体引物来扩增，一般可以降低假阳性。或者多用几对不同的引物扩增，以增加真阳性的筛选结果。

3. PCR 条件的控制：热启动可以消除引物二聚体，退火温度可以适当降低。

六、实验结果与分析

挑选实验十三获得的单菌落进行 PCR 反应，经过琼脂糖凝胶电泳后，在凝胶成像系统下观察到的结果如图 14-2 所示。1、3、4、5 为含重组子的菌落进行 PCR 扩增出 588 bp 的 DNA 片段，2 为含非重组子的菌落扩增出 88 bp 的 DNA 片段（Marker 为 2 kb DNA 标记；阴性对照为 pCAMBIA2300 空载转化的菌落）。

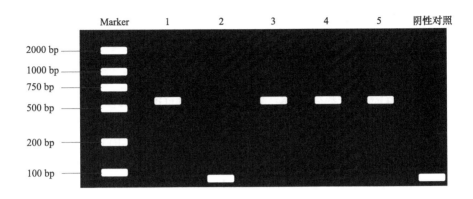

图 14-2　利用 PCR 鉴定含重组子菌落的琼脂糖凝胶电泳图

七、思考题

1. 为什么菌落 PCR 会出现假阳性的结果，如何排除?
2. 菌液 PCR 与菌落 PCR 有什么区别，如果进行菌液 PCR，该怎样操作?

实验十五　重组质粒转化农杆菌

一、实验目的

1. 了解农杆菌感受态的制作方法。
2. 掌握质粒转化农杆菌的实验操作。

二、实验原理

1. 农杆菌 Ti 质粒及植物双元表达载体

植物遗传转化常使用农杆菌介导的遗传转化法。侵染植物的土壤农杆菌中带有 Ti 质粒或 Ri 质粒（下面以 Ti 质粒为例），侵染植物后会产生冠瘿瘤。Ti 质粒含有 transfer-DNA（T-DNA）和毒性区（Vir 区），T-DNA 长为 12～24 kb，可以携带外源基因，Vir 区含有至少 6 个互补的基因群（*VirA*、*VirB*、*VirC*、*VirD*、*VirE*、*VirG*），能协助 T-DNA 转移并整合到植物基因组中。但 Ti 质粒作为转基因载体存在以下缺陷：①转化后会产生植物激素，阻碍转化细胞的再生；②冠瘿碱合成基因对转基因植物意义不大；③ Ti 质粒长 200～800 kb，过于庞大；④ Ti 质粒不能在 *E. coli* 中复制。

因此植物表达载体常常对 Ti 质粒进行改造，构造双元载体，该载体不带有 Vir 区基因，但带有 *E. coli* 及土壤农杆菌的复制起始位点。所有基因克隆操作可以在 *E. coli* 中完成，之后转入一种经修饰后的 Ti 质粒农杆菌中，该 Ti 质粒包含一整套 Vir 区，但缺失 T-DNA 序列而无法转移，这样可提供 *Vir* 基因产物帮助双元载体转移。

2. 常用的植物表达载体

（1）pBI 系列载体，如 pBI101，121，221；pBI121-GFP，pBI221-GFP。

（2）pCAMBIA 系列载体，如 pCAMBIA1300，1301，2300，2301，3300，3301 及其衍生载体等。

（3）植物 Gateway 系列载体，如 pGWB 系列 pGWB405，423 等；pMDC32，162 等；pK2GW7，pH7FWG2，pH7WGF2，pBGWFS7 等；中间载体 pDONR221 等。

（4）植物瞬时表达载体，如 pRTL2，pRTL2-GFP，pRTL2-RFP，pRTL2-YFP 等。

（5）病毒介导的沉默载体，如 pTRV1，pTRV2，pTRV2-GATEWAY 等。

（6）植物 RNAi 载体，如 pHellsgate，pFGC5941，pKANNIBAL，pART27 等。

3. 如何阅读质粒载体图谱

质粒载体图谱的阅读分 6 步走：①首先看复制子 *Ori* 的位置，了解质粒的类型（原核 / 真核 / 穿梭质粒）。②再看筛选标记，决定使用什么筛选标记。*Amp^r* 水解 β-内酰胺环，解除氨苄的毒性；*Tet^r* 可以阻止四环素进入细胞；*Cam^r* 生成氯霉素羟乙酰基衍生物，使之失去毒性；*Neo^r*（*Kan^r*）氨基糖苷磷酸转移酶使 G418（新霉素）失活；*Hyg^r* 使潮霉素 β 失活。③看多克隆位点（MCS）。每个载体具有多个限制酶位点，便于外源基因的插入，要根据外源基因内部的酶切位点选择合适的酶切位点。④看外源 DNA 插入片段大小。质粒一般只能容纳小于 10 kb 的外源 DNA 片段。外源 DNA 片段越长，越难插入，转化效率越低。⑤看是否含有表达系统元件，即启动子-核糖体结合位点-转录终止信号。该标准用来区别克隆载体与表达载体，克隆载体中加入一些与表达调控有关的元件即成为表达载体。启动子：与 RNA 聚合酶特异性结合并使之开始转录的部位，有些植物表达载体中引入 35S 启动子。核糖体结合位点：对于原核细胞而言是 AUG（起始密码）和 SD 序列。转录终止信号：结构基因的最后一个外显子中有一个 AATAAA 的保守序列，此位点下游有一段 GT 或 T 富集区，这两部分共同构成 poly（A）加尾信号，有些植物表达载体中引入 NOS 终止子。⑥质粒图谱上有的箭头顺时针，有的箭头逆时针，代表质粒两条 DNA 链，不同阅读框的转录方向不同，如 35 S 启动子在其中一条链上，而抗性基因（如 *Tet^r*）可以在另一条链上。

三、材料与用品

1. 实验材料和试剂

0.1 mol/L CaCl$_2$（用超纯水配制后高温灭菌）、25% 甘油、LB 液体培养基和 LB 平板（Kan$^+$）、DH5α、DH10B 或 TOP10、双元植物表达载体 pCAMBIA2300-*DsRED2* 质粒 DNA（pCAMBIA2300 重组质粒）、农杆菌 EHA105 菌株。

2. 实验器具

低温冷冻高速离心机、恒温水浴箱、恒温培养箱、涡旋振荡仪、超净工作台、冰箱、离心管、微量移液器及枪头、接菌环、锥形瓶等。

四、实验步骤

1. 农杆菌感受态细胞的制备

（1）取−70℃保存的 EHA105 菌株在含 50 μg/mL 卡那霉素的 LB 平板上画线，28℃下培养 1.5～2 d。

（2）挑取单菌落接种于 50 mL LB 液体培养基中，28℃、220 r/min 振荡培养 12～16 h。

（3）取 1 mL 菌液转接于 100 mL LB 液体培养基中，28℃、220 r/min 振荡培养至 $OD_{600}=0.4$～0.6。

（4）转入无菌离心管，4000 r/min 离心 15 min，去上清液。

（5）加入 10 mL 预冷的 0.1 mol/L 的 $CaCl_2$ 溶液悬浮细胞，冰上放置 10 min。

（6）4℃、4000 r/min 离心 10 min，去上清。

（7）加入 4 mL 预冷的含 10% 甘油的 0.1 mol/L 的 $CaCl_2$ 溶液，轻轻悬浮。

（8）制备好的感受态细胞可马上使用，也可按每管 100 μL 分装于无菌离心管中，于 4℃保存 48 h 内使用，长期贮存时必须在液氮中速冻后转−70℃保存。使用时从−70℃取出，置冰上融化后使用。

2. 重组质粒转化农杆菌

（1）将 1 μg 重组质粒 DNA 加入到 100 μL 农杆菌感受态细胞中，混匀后冰浴 30 min。

（2）放入液氮中 5 min，然后立即在 37℃中水浴 5 min。

（3）取出离心管，加入 0.5 mL LB 液体培养基，28℃、220 r/min 振荡培养 4 h。

（4）取出菌液吸取 200 μL 于含相应抗生素的 LB 平板上涂板，在培养箱中 28℃条件下倒置培养，2 d 左右菌落可见。

3. 重组农杆菌鉴定

（1）挑取单菌落，接种于含相应抗生素的 LB 液体培养基中，28℃振荡培养过夜。

（2）少量提取质粒 DNA。

（3）质粒酶切或 PCR 鉴定。

五、实验结果与分析

初始载体为改造后的 pCAMBIA2300-35S 载体，pCAMBIA 系列载体是常用的植物双元表达载体，载体的骨架是 pUC18。pCAMBIA2300 载体在 *E. coli* 中的筛选抗性为卡那霉素，在农杆菌中的筛选抗性为卡那霉素，T-DNA 整合进入植物基因组后，筛选抗性为卡那霉素。通过 pCAMBIA2300 载体多克隆位点引入 35S 强启动子和 NOS 终止子，改造成为 pCAMBIA2300-35S 载体，然后再通过酶切-连接的方法将外源 *DsRED2* 基因构建入质粒载体，获得 pCAMBIA2300-35S-*DsRED2* 双元表达载体（图 15-1）。

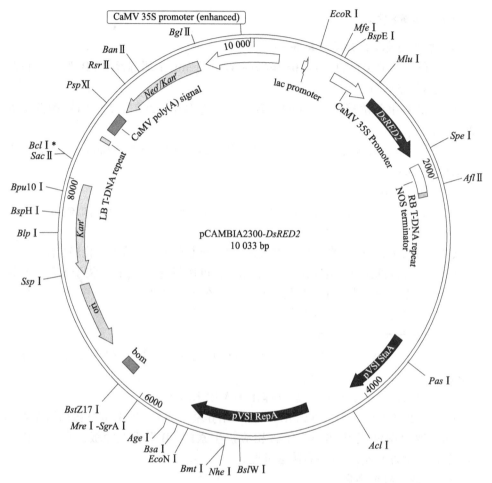

图 15-1 构建好的 pCAMBIA2300-35S-*DsRED2* 双元表达载体

获得的 pCAMBIA2300-35S-*DsRED2* 双元表达载体通过菌落 PCR 及单克隆测序确定阳性克隆后进行农杆菌转化。单菌落通过阳性检测后可用于后续的转基因（图 15-2）。

六、思考题

1. 如果构建的载体要在不同的物种中进行使用，如水稻中，请分析有关载体的相关元件要考虑哪些方面？

2. 请根据所学知识及扩展阅读完成以下载体构建的流程图。

（1）CRISPR 载体。

（2）酵母双杂交载体。

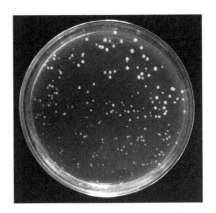

图 15-2 pCAMBIA2300-35S-*DsRED2* 进行农杆菌转化后产生单菌落

（3）VIGS 沉默载体。
（4）启动子表达载体。
（5）GFP 融合瞬时表达载体。
（6）超表达载体。

综合实验三

植物遗传转化及转基因后代的分子检测

一、综合实验目的

1. 掌握植物组织无菌培养的基本操作即培养基的配制、无菌外植体的制备，农杆菌介导的植物遗传转化，转基因后代的 PCR、Southern 杂交、RT-PCR 检测等一系列组织培养及分子生物学实验技能的原理及操作步骤。

2. 系统掌握植物转基因系列实验的设计思路和相关方法，能根据不同的实验目的、针对不同的物种设计相关实验。

二、综合实验原理

植物遗传转化又称为转基因或植物基因工程，主要是将外源基因导入植物细胞或组织，使之进入植物基因组并稳定表达，进而改变植物性状。已发表的植物转基因操作体系有十余种，目前应用较多的有农杆菌介导法和基因枪法。根癌农杆菌 Ti 质粒介导的转基因方法（农杆菌介导法）是目前研究最多、机理最清楚、技术方法最成熟的。本综合实验系统介绍根癌农杆菌 Ti 质粒介导的植物转基因及转基因后代的分子检测方法。在前期的实验中，已经介绍了载体的构建，本实验中会将含有目的基因 Ti 质粒载体的农杆菌用于转化实验。通过农杆菌与植物组织共培养进行转基因。植物幼嫩组织在受伤后细胞壁破裂，与农杆菌共培养的过程中，创伤分子诱导农杆菌 T-DNA 上 Vir 区各种基因（至少有 6 个基因群，*VirA*、*VirB*、*VirC*、*VirD*、*VirE*、*VirG*）的激活和表达，导致 T-DNA 被剪切、加工，形成 T-链蛋白复合体（T-复合体），通过农杆菌和植物细胞的细胞膜、植物细胞壁进入植物细胞内，T-复合体上的核靶向序列可引导 T-DNA 整合到植物基因组。因为 T-DNA 上带有筛选标记或报告基因，早期可以通过抗生素或者对报告基因的观察进行阳性克隆的筛选，后期可通过 PCR 检测转基因材料的阳性、RT-PCR 等检测目标基因的表达量来进行筛选。

三、综合实验设计

本综合实验依据植物组织培养和转基因基本操作流程，以综合实验二构建的含有红色荧光蛋白基因 *DsRED2* 的植物表达载体，以棉花为主要材料，展示愈伤组织诱导、农杆菌介导的植物遗传转化及转基因后代检测的相关原理和方法。实验涉及培养基的配制、棉花无菌苗的制备、愈伤组织诱导、原生质体分离、农杆菌介导的棉花下胚轴的遗传转化、PCR 阳性检测、Southern 杂交分析、RNA 抽提、RT-PCR 检测、Northern 杂交分析、蛋白质的提取和 Western 杂交分析等实验过程。具体流程图如下图所示：

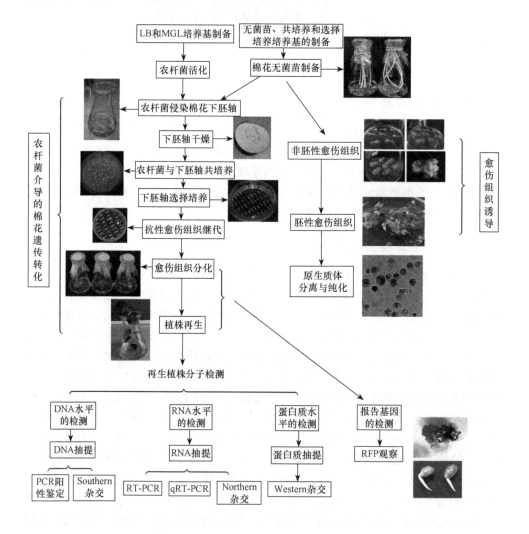

实验十六　植物组织培养培养基的制备

一、实验目的

1. 了解植物培养基的构成，掌握培养基的配制方法。
2. 了解灭菌的方法和原理，掌握常见的灭菌方法。

二、实验原理

培养基是植物组织培养的基本条件，同时也是关键因素。培养基成分及各组分含量的细微差错都会导致最终实验结果的不理想甚至失败。因此，进行组织培养必须了解培养基的成分及其配制方法。

植物组织培养培养基主要由无机营养成分（如氮、磷、钾、钙等大量元素和铁、锰、铜、锌等微量元素）、有机营养成分（主要为维生素和氨基酸）、碳源（如蔗糖、葡萄糖等）、激素（生长素、细胞分裂素、赤霉素、油菜素内酯、脱落酸等）和水等组成，固体培养基中常加入琼脂或者植物凝胶（phytagel）作为固化剂。棉花组织培养的基本培养基是 MS 培养基，其中维生素替换成 B_5 维生素，称为 MSB 培养基。MS 培养基是以其发明者 Murashige 和 Skoog 首页字母命名的，其特点是无机盐和离子浓度较高，硝酸盐含量高，其营养成分含量和比例合适，能满足植物细胞的营养和生理需要，适用范围广，多数植物组织培养用它作为基本培养基。

棉花组织培养经历外植体的获得、愈伤组织的诱导、愈伤组织的继代、胚状体的成苗等过程，过程中需要配制无菌苗培养基、愈伤诱导培养基、愈伤分化培养基、生根培养基等；在棉花转基因过程中还需要用到共培养培养基和选择培养基等。

植物组织培养是在严格无菌的条件下进行的。因此，在组织培养的过程中要确保外植体、试剂、器皿和仪器是无菌的。可以采用多种措施来保证整个过程在无菌条件下进行：①无菌操作在超净工作台上进行，在使用前先对工作台进行无菌处理，如紫外灯杀菌、用酒精棉球擦洗工作台面等；②组织培养所用的培养基都是无菌的，培养基在湿热条件（121℃的蒸汽、103 kPa、15 min）下，能够有效地杀死培养基中的微生物达到灭菌的目的；③紫外灯照射或高温烧灼 5 min 左右可有效杀死镊子、剪刀等不锈钢操作器具的菌类，达到灭菌的目的；④外植体不能用湿热灭菌的方法，可以通过化学试剂进行灭菌，如 1% 的次氯酸钠溶液浸泡 10 min 可以对棉花种子等外植体进行灭菌，75% 乙醇浸泡 1 min 可以对拟南芥等小种子外植体进行灭菌；⑤操作人员进行操作时，必须用酒精棉球将手进行灭菌处理，并避免在操作过程中说话。

三、材料与用品

1. 实验试剂

MS 培养基大量元素母液（10×）、MSB 培养基干粉、葡萄糖、2,4-D 储备液（0.1 mg/mL）、激动素（kinetin，KT）储备液（0.1 mg/mL）、蒸馏水、0.1 mol/L NaOH 及 HCl、植物凝胶（phytagel）、卡那霉素储备液、头孢霉素储备液等。

2. 实验器具

灭菌锅、天平、量杯（1 L）、微波炉、蓝盖试剂瓶、超净工作台、100 mL 锥形瓶、封口膜、pH 计、9 cm 培养皿、Parafilm 封口膜等。

四、实验步骤

本实验以棉花组织培养为例介绍培养基的制备。

1. 棉花无菌苗培养基的制备

配方：MS 大量元素母液 50 mL/L＋葡萄糖 15 g/L＋phytagel 2.5 g/L，调 pH 为 6.0。

具体操作：取 1 L 的量杯，加入少量蒸馏水，量取 50 mL MS 大量元素母液，称取葡萄糖 15 g 于 1 L 的烧杯中，定容到 1 L 后用 0.1 mol/L NaOH 和 0.1 mol/L HCl 调 pH 为 6.0。取 0.5 L 培养基，加入 2.5 g phytagel，用微波炉加热融化后与剩下的溶液混合均匀，然后分装到 100 mL 锥形瓶中，每个锥形瓶 50 mL。用封口膜封口后在高温高压下（1.03 kPa，121℃）灭菌 15 min，灭菌后置于水平的工作台上冷却即可。

注意：植物组织培养适合的 pH 为 5～6，当 pH 高于 6 时，培养基将会变硬，低于 5 时，琼脂就不能很好地凝固。

2. 愈伤组织诱导培养基的制备

棉花愈伤诱导培养基主要由 MSB 培养基，然后添加不同种类的激素构成。配方：MSB 干粉 4.4 g/L＋2,4-D 0.1 mg/L＋KT 0.1 mg/L＋葡萄糖 30 g/L＋phytagel 2.5 g/L。

具体操作：取 1 L 的量杯，加入少量蒸馏水，然后分别加入 4.4 g MSB 培养基干粉、30 g 葡萄糖、1 mL 2,4-D 储备液（0.1 mg/mL）和 1 mL KT 储备液（0.1 mg/mL），混匀，定容到 1 L 后调 pH 为 5.85。取 0.5 L 培养基，加入 2.5 g phytagel，用微波炉加热融化后与剩下溶液混合均匀，然后分装到 100 mL 锥形瓶中，每个锥形瓶倒入 50 mL 培养基。用封口膜封口后在高温高压下（1.03 kPa，121℃）灭菌 15 min，灭菌后置于水平的工作台上冷却即可。

3. 愈伤组织分化培养基的配制

愈伤组织分化培养基的配制方法同上，配方：MSB 干粉 4.4 g/L ＋吲哚乙酸（IBA）0.5 mg/L＋KT 0.15 mg/L＋葡萄糖 30 g/L＋phytagel 2.5 g/L。

4. 共培养和选择培养基的配制

共培养培养基配方与愈伤组织诱导培养基一样，配制方法与愈伤组织诱导培养基略有区别。

具体操作：取 1 L 的量杯，加入少量蒸馏水，然后分别加入 4.4 g MSB 培养基干粉、30 g 葡萄糖、1 mL 2,4-D 储备液（0.1 mg/mL）和 1 mL KT 储备液（0.1 mg/mL），定容到 1 L 后调 pH 为 5.85，然后分装至 4 个 500 mL 的蓝盖试剂瓶中（每瓶 250 mL）。每瓶加入 0.63 g phytagel，盖子旋松，在高温高压下（1.03 kPa，121℃）灭菌 15 min。灭菌后在超净工作台上将培养基分装至无菌培养皿中，每个培养皿中倒入 50 mL 培养基，待培养基风干后用 Parafilm 封口膜封口备用。

选择培养基的配方：共培养培养基＋卡那霉素 50 mg/L（储备液浓度 50 mg/mL）＋头孢霉素 400 mg/L（储备液浓度 400 mg/mL），调 pH 为 5.85。

具体操作：培养基灭菌后，待温度降至 60℃左右时，按照 1/1000 体积加入卡那霉素和头孢霉素储备液，然后将培养基分装至无菌培养皿，每个培养皿中倒入 50 mL 培养基，待培养基风干后用 Parafilm 封口膜封口备用。

五、注意事项

1. 为了尽量减少人为的误差，必须严格按实验步骤进行操作。
2. 所有装有培养基的锥形瓶、蓝盖试剂瓶和培养皿等都应当清楚地作上标记。
3. 灭菌锅、pH 计、超净工作台等使用前要通读使用说明，注意操作安全。

六、实验结果与分析

1. 详细记录培养基制备的过程。
2. 分析培养基制备的注意事项。

七、思考题

1. 培养基的种类有哪些，各有什么特点？
2. 2,4-D、激动素、卡那霉素、头孢霉素的储备液如何配制？

实验十七　棉花愈伤组织的诱导及形态观察

一、实验目的

1. 掌握植物组织培养的基本理论及植物体细胞胚胎发生的理论。
2. 了解植物愈伤组织诱导和分化的形态学和细胞学特征。
3. 掌握无菌操作的基本技能。

二、实验原理

植物体是一个结构复杂的多细胞系统。这些高度分化的不同组织及组成组织的不同细胞构成了植物体，并以高度的协调方式发挥作用。植物细胞具有全能性（totipotency），即植物体细胞或性细胞在人为控制的培养条件下都具有再生成新个体的潜能，因而在适宜的条件下可以被诱导生长、分化形成完整植株。植物愈伤组织（callus）诱导就是使那些已分化的体细胞包括离体的器官、组织和细胞在人工培养基上，经多次细胞分裂而失去原来的分化状态，形成无结构的愈伤组织或细胞团的过程。这种使已分化的体细胞恢复到未分化的原始状态并具有细胞全能性表达潜力的过程，叫作脱分化（dedifferentiation）。显然，脱分化过程的实质是解除分化，逆转细胞的分化状态，使其回到分化前的原始状态，以恢复细胞的全能性。然而，离体培养的植物组织和细胞形成的处于脱分化状态的愈伤组织，仍可以再度分化形成其他类型的细胞、组织、器官，甚至最终再生成完整的植株。这一过程称作再分化（redifferentiation），简称为分化（differentiation）。

将植物上的某个部位切下，形成外植体，接种到适宜的培养基上培养，其外植体组织的增生细胞产生的一团不定型的疏松排列的薄壁组织称为愈伤组织。用于诱导愈伤组织的外植体有根、茎、叶、幼穗和幼胚等。根据外植体来源不同，愈伤组织可以发生自形成层、皮层、髓、次生韧皮部及木质部薄壁组织和表皮等。然而，来自不同植物外植体的愈伤组织，其质地和物理性状差异很大。有的很紧密坚实，有的很疏松脆弱或呈胶质状，有的呈淡黄色，有的呈白色或淡绿色等。愈伤组织在长期的培养中能够形成分生组织区、管胞、色素细胞或体细胞胚。这种能够形成体细胞胚的愈伤组织叫作胚性愈伤组织（embryogenic callus）。

外植体与母体分离后需要在合适的培养环境下，如含有适宜浓度植物生长调节剂［吲哚乙酸 IAA、萘乙酸 NAA、2,4-二氯苯氧乙酸（2,4-D）、激动素（KT）或 6-苄基氨基嘌呤（6-BA）］的培养基上，进行脱分化及再分化。

三、材料与用品

1. 实验材料

高体胚发生能力棉花材料 Jin668。

2. 实验试剂

1% 次氯酸钠、无菌水、无菌苗培养基、诱导培养基和分化培养基（实验十六制备）、生根培养基（MSB 干粉 2.2 g/L＋葡萄糖 30 g/L＋phytagel 2.5 g/L，pH 为 5.85）等。

3. 实验器具

超净工作台、手术剪刀、镊子、解剖刀、酒精灯、微量移液枪、培养皿、滤纸、锥形瓶、培养箱、显微镜、载玻片等。

四、实验步骤

1. 棉花无菌苗的制备

将棉籽壳用手术剪刀去掉，在超净工作台上将棉胚置于无菌锥形瓶中，倒入 1% 的次氯酸钠，以浸没棉胚为准。灭菌 8～10 min，并每隔 2 min 振荡一次。灭菌后用无菌水冲洗三遍，用灭菌的镊子将棉胚接种于无菌苗培养基中。然后，在 28℃条件下进行暗培养 5～7 d（培养 24～36 h 后要进行扶苗，即将胚根插入培养基中）。

2. 外植体的切取

选取培养 7 d 左右健壮的无菌苗置于垫有滤纸的培养皿上，用解剖刀切掉子叶及生长点，切掉胚根及相连的约 1/4 的下胚轴，余下的下胚轴用作愈伤组织诱导的外植体，用解剖刀将下胚轴切成 7 mm 左右的小段。

3．外植体接种及离体培养

将切好的外植体接种于愈伤组织诱导培养基上（每瓶 7～9 段），平行放置，于 28℃、每天 14 h 光照条件下进行愈伤组织诱导及增殖培养。每个星期观察愈伤组织的生长情况，3 个星期后统计愈伤组织诱导率（愈伤组织数／接种下胚轴数）及愈伤组织的颜色、大小、质地。

4．愈伤组织继代

待培养一个月左右，将增殖后的愈伤组织连同下胚轴继代到分化培养基上，进行胚性愈伤组织的分化培养。

5．愈伤组织观察

分别挑取少量非胚性愈伤和胚性愈伤组织，置于载玻片上，滴几滴清水用镊子捣碎，观察比较两者的细胞学特征。

6．分化成苗

胚性愈伤组织继代过程中会产生体细胞胚，待体细胞胚发育成为 2 或 3 片叶的小苗时，将小苗转入生根培养基上，促进小苗生根。

五、注意事项

1．用剪刀去壳时，尽量保持胚的完好，尤其是胚根端要保持完好。

2．1% 的次氯酸钠浸泡种子时要充分振荡，使种子与溶液充分接触以增强灭菌效果。

3．镊子用酒精灯灭菌后要充分冷却，以免烫伤、烫死植物材料。

4．在切无菌苗时，一定要使用锋利的刀片，尽量做到一刀切断，避免挤压茎段。

六、实验结果与分析

1．一周后，观察无菌苗的形态。如有污染，分析造成污染可能的原因。

棉花无菌苗培养在黑暗条件下子叶为黄色或淡黄色，转入光照条件下子叶变为绿色，如图 17-1 所示。接种后按时间扶苗，无菌苗会长至瓶口处，没有扶苗的无菌苗不能正常生长。种子内部有菌、种子消毒不彻底、器具消毒不彻底、操作不规范等原因，会造成培养的无菌苗污染。

2．每个星期观察愈伤组织的生长情况，三周后描述愈伤组织的颜色、大小、质地，并统计愈伤组织诱导率（愈伤组织数／接种下胚轴数）。

图 17-2 为高体胚发生能力棉花材料 YZ1 体胚发生的过程，棉花体胚发生过程会经历非胚性愈伤组织阶段（接种后到 40 d 左右的时间，不同材料的时间有差异）和胚性愈伤组织阶段，再经历球形胚、鱼雷胚和子叶胚阶段，最后形成完整的植株。

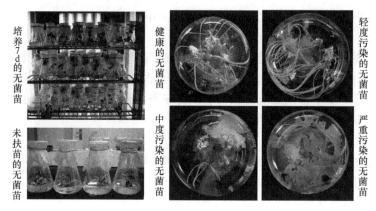

图 17-1　棉花无菌苗培养过程中扶苗或者污染的情况

图 17-2　棉花体胚发生及植株再生过程

七、思考题

1. 无菌操作过程中应注意哪些细节？
2. 愈伤组织的诱导经历哪些时期？简要说明各时期的形态学和细胞学特征。

实验十八　根癌农杆菌介导的植物遗传转化

一、实验目的

1. 了解植物遗传转化的方法和理论。
2. 掌握根癌农杆菌介导的遗传转化技术。

二、实验原理

植物遗传转化技术是指通过物理、化学或生物学的方法，将外源基因导入受体植物细胞中获得再生植株的技术。自 1983 年转基因植物问世以来，植物转基因技术发展迅速，产生了多种植物遗传转化方法，如农杆菌介导法、基因枪法、电激法、显微注射法、超声波法、激光微束法、碳化硅纤维介导法、电泳法、PEG 介导转化法、脂质体介导转染法、花粉介导法和花粉管通道法等，其中农杆菌介导法运用最为普遍。

农杆菌介导法：土壤农杆菌（*Agrobacterium* spp.）是一种革兰氏阳性菌，有两个种与植物转基因有关，即根癌农杆菌（*Agrobacterium tumefaciens*）和发根农杆菌（*Agrobacterium rhizogenes*）。它们在自然状态下具有趋化性，可感染大多数双子叶植物的受伤部位，并诱导产生冠缨瘤或发状根，在离体条件下，可以在不加任何生长素的培养基中持续生长。研究表明根癌农杆菌和发根农杆菌细胞中分别含有 Ti 和 Ri 质粒，上面含有 T-DNA 区，可以通过一系列过程进入植物细胞并将 T-DNA 插入植物基因组中，这是农杆菌侵染植物后产生冠缨瘤或发状根的根本原因，因此农杆菌是一种天然的植物遗传转化体系，人们可将所构建的目的基因插入去除了致瘤基因的 Ti（Ri）质粒的 T-DNA 区，借助农杆菌侵染受体植物细胞后 T-DNA 向植物基因组的高频转移和整合特性，实现目的基因向受体植物细胞的转化，然后通过植物组织培养技术，利用植物细胞的全能性获得转基因再生植株。

农杆菌介导法转基因技术的关键是 T-DNA 整合受体植物基因组的过程，这一过程依赖于 Ti 质粒上的 T-DNA 区和 Vir 区各种基因的表达及一系列蛋白质和核酸的相互作用。简略地说，其过程是植物细胞受伤后细胞壁破裂，分泌出高浓度的创伤诱导分子，它们是一些酚类化合物，如乙酰丁香酮（acetosyringone，AS）和羟基乙酰丁香酮（hydroxy- acetosyringone，OH-AS），农杆菌对这类物质具有趋化性，首先在植物细胞表面发生贴壁，继而植物创伤分子诱导农杆菌 Vir 区各种基因激活和表达。首先是 *VirA* 和 *VirG* 基因的活化，磷酸化的 VirG 蛋白激活一系列 *Vir* 基因的表达，导致 T-DNA 被剪切、加工，形成 T-链蛋白复合体（T-复合体），通过农杆菌和植物细胞的细胞膜、细胞壁进入植物细胞内，T-复合体上的核靶向序列可引导 T-DNA 整合到植物基因组中。

三、实验器具

灭菌锅、超净工作台、天平、锥形瓶、封口膜、镊子、剪刀、手术刀片、滤纸、微波炉、分光光度计、酒精灯、微量移液器、摇床、恒温培养箱、镊子、75% 乙醇、接种环、离心管、枪头若干、培养皿、三角瓶、生根管、pH 计等。

四、实验过程

（一）农杆菌介导的棉花遗传转化（由华中农业大学棉花团队提供）

1. 实验材料

高体胚发生能力棉花材料 Jin668。农杆菌菌株 EHA105（含有改造后的

pCAMBIA2300 质粒，质粒 T-DNA 含目的基因 *DsRED2*，卡那霉素抗性基因 *NPT-II* 为选择标记基因）。

2. 实验试剂

（1）LB（固）液体培养基：胰蛋白胨 10 g/L＋酵母提取物 5 g/L＋NaCl 5 g/L（固体培养基添加琼脂 10 g/L）。

（2）MGL 侵染培养基：胰蛋白胨 5 g/L＋酵母提取物 2.5 g/L＋NaCl 5 g/L＋MgSO$_4$·7H$_2$O 0.1 g/L＋KH$_2$PO$_4$ 0.25 g/L＋甘露醇 5 g/L＋甘氨酸 1.0 g/L，pH 为 7.0，侵染前按照 1/1000 体积加入乙酰丁香酮母液（20 mg/mL）。

（3）共培养培养基、选择培养基和分化培养基的配方见实验十六。

3. 实验步骤

（1）无菌苗的制备。按照实验十七的方法进行。

（2）农杆菌的活化。从超低温冰箱内取出保存菌株的甘油管在冰上融化，在 LB 固体培养基上划线，28℃暗培养 36～48 h。待皿内长出清晰的单菌落，挑取单菌落 28℃暗培养 36～48 h，待皿内长出足够的菌落结束培养。把培养基表面菌落刮入锥形瓶内的 MGL 侵染培养基中，28℃、200 r/min 摇 2 h，OD$_{600}$＝0.5 左右即可用于侵染。

（3）浸染、共培养。把无菌苗切成 5～7 mm 茎段，用镊子夹入经活化的菌液中，搅匀，静置 5～10 min，倒掉菌液，滤纸吸干残余菌液，吹 5 min 使表面稍为干燥，分散置于垫有滤纸的共培养培养基中，19～21℃暗培养 48 h 结束共培养。

（4）选择培养及继代培养。把经过共培养的下胚轴转入选择培养基中，弱光培养，培养 30 d 左右转入相同的选择培养基中进行继代培养。

（5）分化成苗。从选择培养基上挑取单克隆抗性愈伤组织分别接种到分化培养基上，20 d 左右继代一次，分化和成苗的过程中尽量把不同单克隆来源的材料区分开来。

（二）农杆菌介导的水稻遗传转化（由华中农业大学水稻团队提供）

1. 实验材料

水稻（中花 11）种子，农杆菌菌株 EHA105（携带含目的基因的载体）（崔莹等，2018）。

2. 实验试剂

75% 乙醇、吐温 20、6-BA、KT、NAA、IAA、2, 4-D、卡那霉素（Kan）、酪蛋白酶解物（CH）、羧苄青霉素（Cn）、潮霉素（Hn）、烟酸、盐酸吡哆醇（VB$_6$）、盐酸硫胺素（VB$_1$）、肌醇、Phytagel、DMSO、乙酰丁香酮（AS）、琼脂粉、甘氨酸、脯氨酸、山梨醇、NH$_4$NO$_3$、KH$_2$PO$_4$、KNO$_3$、MgSO$_4$·7H$_2$O、CaCl$_2$·2H$_2$O、MnSO$_4$·4H$_2$O、ZnSO$_4$·7H$_2$O、H$_3$BO$_3$、KI、Na$_2$MoO$_4$·2H$_2$O、CoCl$_2$·6H$_2$O、

$CuSO_4 \cdot 5H_2O$、$(NH_4)_2SO_4$、$FeSO_4 \cdot 7H_2O$、$Na_2EDTA \cdot 2H_2O$、KOH、$HgCl_2$、1% 次氯酸钠、葡萄糖、蔗糖、LB 培养基、MS_{max} 储备液（10×）、MS_{min} 储备液（100×）、$N_{6\,max}$ 储备液（10×）、$N_{6\,min}$ 储备液（100×）、Fe^{2+}-EDTA 储备液（100×）、维生素储备液（100×）、6-BA 储备液（1 mg/mL）、KT 储备液（1 mg/mL）、2, 4-D 储备液（1 mg/mL）、IAA 储备液（1 mg/mL）、NAA 储备液（1 mg/mL）、200 mmol/L AS 储备液、1 mol/L KOH 储备液、0.15% $HgCl_2$、50% 葡萄糖、250 mg/ml Cn、50 mg/ml Kan、诱导培养基、悬浮培养基、共培养基、筛选培养基、分化培养基、生根培养基（从 MS_{max} 储备液至生根培养基的配方见附录）。

3. 实验步骤

（1）愈伤诱导。选取成熟饱满的水稻种子，去壳；用 75% 乙醇消毒 1～2 min，倒去乙醇；用灭菌蒸馏水冲洗 2 次；加入 1% 次氯酸钠（含有 0.1% 的吐温 20）浸泡 15～18 min，其间摇动数次；倒掉次氯酸钠，用灭菌蒸馏水冲洗 5 次。将消过毒的种子接入愈伤诱导培养基，32℃光照培养 5～10 d。

（2）农杆菌的活化。在侵染的前 2 d，取农杆菌在含 50 mg/L 卡那霉素的 LB 固体培养基上划线，置于 28℃培养。

（3）农杆菌的悬浮、侵染及共培养。侵染前，将活化的农杆菌刮入 MGL 培养基中，28℃、180 r/min 振荡培养 3～3.5 h，然后用悬浮培养基调节菌液浓度至 OD_{600}＝0.1～0.2。将诱导 5～10 d 的愈伤组织放入农杆菌悬浮液中，侵染 1.5 min。倒掉菌液，用灭菌滤纸吸干愈伤组织表面的菌液。愈伤组织表面覆盖灭菌滤纸，在超净工作台上吹干 30 min。吹干后将愈伤组织转入表面覆盖有一层灭菌滤纸的共培养培养基中，先在 20℃暗培养过夜，然后转入 25℃培养箱中继续暗培养 2 d。

（4）清菌。共培养完成后，将愈伤组织用镊子转移到空的灭菌锥形瓶中。用灭菌蒸馏水反复清洗愈伤组织 7 或 8 次，其中前面 3 次可快速清洗，后面 3 或 4 次清洗时每次浸泡 3～5 min。最后用含有 500 mg/L 羧苄青霉素（Carbenicillin，Cn）的灭菌蒸馏水浸泡愈伤组织 30 min。倒掉 Cn 溶液，用灭菌滤纸尽量吸干愈伤组织表面的水分，愈伤组织表面覆盖一层灭菌滤纸，在超净工作台上吹干 1 h。

（5）筛选。将经过清菌后的愈伤组织摆放到筛选培养基上，32℃光照培养 14 d。

（6）分化。筛选 14 d 后，将抗性愈伤组织转入分化培养基中，28℃培养（光周期为 14 h 光照 /10 h 黑暗）。

（7）生根。待抗性愈伤组织在分化培养基上形成 3～4 cm 高的再生苗时，将其转入生根培养基中培养，至形成完整的植株。

（三）农杆菌介导的玉米遗传转化（由华中农业大学玉米团队提供）

1. 实验材料

玉米授粉 10～15 d 的果穗，含有表达载体 pCAMBIA1301 质粒的农杆菌菌株

（EHA105）等。

2. 实验试剂

（1）YEB 培养基：牛肉浸膏 5 g/L＋酵母膏 1 g/L＋蛋白胨 5 g/L＋蔗糖 5 g/L＋MgSO$_4$·7H$_2$O 4 g/L（固体培养基加入琼脂 14 g/L）。

（2）YEB 侵染培养基：YEB 液体培养基＋乙酰丁香酮 20 mg/mL，pH 为 7.4。

（3）愈伤诱导培养基或共培养培养基：MSB 培养基＋葡萄糖 60 g/L＋脯氨酸 700 mg/L＋2,4-D 2.0 mg/L＋AgNO$_3$ 8 mg/L＋phytagel 2.5 g/L，pH 为 6.0。

（4）选择培养基：共培养培养基＋卡那霉素 50 mg/L＋头孢霉素 400 mg/L。

（5）分化培养基：MSB 干粉 4.4 g/L＋60 g/L 葡萄糖＋6-苄基腺嘌呤（6-BA）2 mg/L＋萘乙酸（NAA）0.2 mg/L＋phytagel 2.5 g/L，pH 为 6.0。

（6）生根培养基：MSB 培养基＋葡萄糖 60 g/L＋吲哚乙酸（IBA）2 mg/L＋NAA 0.5 mg/L＋甲硫氨酸（MET）2 mg/L＋phytagel 2.5 g/L，pH 为 6.0。

其他还有利福平、卡那霉素、70% 乙醇等。

3. 实验步骤

（1）玉米幼胚的切取。取授粉 10～15 d 的果穗，用 70% 的乙醇灭菌苞叶，在超净工作台上取 1.0～1.2 mm 幼胚供侵染用。

（2）农杆菌的活化。将保存于－80℃冰箱中的携带 pCAMBIA1301 质粒的农杆菌 EHA105 于 YEB 固体培养基（按抗生素：培养基＝1：1000 比例加入卡那霉素和利福平）上划线培养，28℃避光培养至长出直径约 1 mm 大小的单菌落；取单菌落转接于 10 mL YEB 培养基中（加入 1/1000 体积的利福平和卡那霉素），于 28℃、220 r/min 振荡培养过夜；当农杆菌菌液浓度达到 OD$_{600}$＝0.5 左右时取 2 mL 的农杆菌菌液，于室温、5000 r/min 离心 10 min，用 20 mL YEB 侵染培养基侵染悬浮农杆菌备用。

（3）幼胚与农杆菌共培养。将幼胚于 43℃下预处理 3 min，然后浸入侵染液，侵染时间为 5 min，每次可处理侵染幼胚 30～50 个；侵染结束后用灭菌好的滤纸吸干幼胚表面的菌液，把幼胚放入共培养培养基中，玉米幼胚盾片朝上，25℃、黑暗条件下放置 3 d。

（4）选择培养。把经过共培养的幼胚用镊子转入选择培养基中，培养 30 d 左右。

（5）分化成苗。幼胚产生愈伤组织，将愈伤组织块上分化出的幼芽切下，转入分化培养基上，培养温度为 25℃，每天在 1000～2000 lx 光强下连续光照 12 h。一周后幼芽发育，并在基部形成大量芽体。将分化培养中苗高达 2 cm、有 1 或 2 片完整叶片的小植株转移到生根培养基上，培养条件与继代培养一致，2 周后有根长出，可炼苗移栽。IBA 可诱导生根；NAA 可促进不定根的发生；MET 可促进侧根的发生和不定根的快速伸长，MET 还有壮苗的功能。

（四）农杆菌介导的油菜遗传转化（由华中农业大学油菜团队提供）

1. 实验材料

油菜种子，含有表达载体 pCAMBIA1301 质粒的农杆菌菌株（LBA4404）等。

2. 实验试剂

（1）LB 固（液）体培养基：同本实验（一）。

（2）无菌苗培养基：MS 大量元素母液 50 mL＋15 g蔗糖＋phytagel 2.5 g/L，pH 为 6.0。

（3）侵染培养基：MSB 4.4 g/L＋蔗糖 30 g/L＋乙酰丁香酮 100 μmol/L，pH 为 5.8。

（4）共培养培养基：MSB 干粉 4.4 g/L＋蔗糖 30 g/L＋2,4-D 1.0 mg/L ＋KT 0.3 mg/L＋phytagel 2.5 g/L，pH 为 5.8。

（5）选择培养基：MSB 干粉 4.4 g/L＋葡萄糖 10 g/L＋甘露醇 18 g/L＋$AgNO_3$ 4 mg/L＋2,4-D 1 mg/L＋KT 0.3 mg/L＋特美汀 270 mg/L＋phytagel 2.5 g/L，pH 为 5.8。

（6）芽诱导培养基：MSB 干粉 4.4 g/L＋葡萄糖 10 g/L＋木糖 0.25 g/L＋ MES 0.6 g/L＋ IAA 0.1 mg/L＋玉米素（ZT）2 mg/L＋卡那霉素 50 mg/L＋特美汀 270 mg/L ＋phytagel 2.5 g/L，pH 为 5.8。

（7）生根培养基：MSB 干粉 4.4 g/L＋蔗糖 60 g/L＋IBA 0.5 mg/L ＋ZT 2.0 mg/L＋卡那霉素 25 mg/L＋特美汀 135 mg/L＋phytagel 2.5 g/L，pH 为 5.8。

其他还有 70% 乙醇、0.2% 次氯酸钠溶液、无菌水等。

3. 实验步骤

（1）种子灭菌及播种。选取成熟饱满的油菜种子，用 70% 乙醇浸泡种子 2 min，然后用 0.2% 次氯酸钠溶液消毒 15 min，再用无菌水清洗 3 或 4 次，灭菌的种子播于无菌苗培养基中，25℃暗培养 7 d。

（2）农杆菌活化。挑取−80℃保存的农杆菌 LBA4404，于相应抗性的 LB 固体培养基上划线培养，28℃暗培养 2 d；挑取单菌落接种于 4 mL 含相应抗生素的 LB 液体培养基，28℃、200 r/min 培养 24 h。吸取 50 μL 菌液转接于 20 mL 含相应抗生素的 LB 液体培养基中，28℃、200 r/min 培养 12 h，至 OD_{600}＝0.6～0.8。培养好的菌液 4000 r/min 离心 10 min 收集菌体，用 20 mL 侵染培养基悬浮，28℃、250 r/min 培养 2～3 h。

（3）侵染、共培养。将无菌苗下胚轴切成 0.6～0.8 cm 的小段，转入含有农杆菌的侵染培养基中侵染 10 min，每隔 2～3 min 轻轻摇动，侵染结束后倒掉菌液，将外植体转移至灭菌的滤纸上，吸取多余菌液，然后将下胚轴转移到共培养培养基上，25℃黑暗条件下共培养 36～48 h。

（4）选择培养。把经过共培养的下胚轴转入选择培养基中，25℃光照培养 15～18 d。

（5）芽诱导培养。将选择培养 10～15 d 的外植体转移至芽诱导培养基上，

15～20 d 继代一次，直至长出绿芽。

（6）生根培养。当幼苗长至 2～3 cm 高时，将幼苗转入生根培养基上培养。转化植株生根后，可炼苗移栽。

（五）农杆菌介导的小麦遗传转化（由华中农业大学孙龙清提供）

1. 实验材料

小麦种子，含有表达载体 pCAMBIA1301 质粒的农杆菌菌株（EHA105）等。

2. 实验试剂

（1）LB 固（液）体培养基和 MGL 侵染培养基：同本实验（一）。

（2）诱导培养基：MSB 干粉 4.4 g/L＋酪蛋白 500 mg/L＋谷氨酰胺 100 mg/L＋脯氨酸 100 mg/L＋维生素 B_1（VB_1）10 mg/L＋蔗糖 30 g/L＋2,4-D 2 mg/L＋琼脂 8 g/L，pH 为 5.8。

（3）共培养培养基：诱导培养基＋乙酰丁香酮 100 mmol/L，pH 为 5.8。

（4）恢复培养基：诱导培养基＋特美汀 160 mg/L，pH 为 5.8。

（5）分化筛选培养基：MSB 干粉 4.4 g/L＋酪蛋白 500 mg/L＋谷氨酰胺 100 mg/L＋脯氨酸 100 mg/L＋VB_1 10 mg/L＋蔗糖 30 g/L＋KT 5 mg/L＋琼脂 8 g/L＋潮霉素 50 mg/L＋特美汀 160 mg/L，pH 为 5.8。

（6）生长培养基：MS 大量元素母液 50 mL/L＋酪蛋白 500 mg/L＋谷氨酰胺 100 mg/L＋脯氨酸 100 mg/L＋VB_1 10 mg/L＋蔗糖 22.5 g/L＋琼脂 8 g/L＋潮霉素 50 mg/L＋特美汀 160 mg/L，pH 为 5.8。

（7）生根壮苗培养基：MS 大量元素母液 50 mL/L＋蔗糖 22.5 g/L＋NAA 0.2 mg/L＋MET 0.5 mg/L＋琼脂 8 g/L＋特美汀 160 mg/L，pH 为 5.8。

其他还有 75% 乙醇、无菌水等。

3. 实验步骤

（1）接种。挑选籽粒饱满的种子，用 75% 乙醇消毒液浸泡 1～2 min 后用无菌水冲洗 2 遍，再用 0.1% 的次氯酸钠消毒 15 min，无菌水冲洗 4 遍，浸种 18～30 h。然后将其放到无菌滤纸上，腹沟朝下，用镊子夹住，用解剖刀采用纵横切的方式取其 1/3～1/2 幼胚，将其接种在诱导培养基上，盾片朝上，在（25±1）℃条件下黑暗培养 2 周，诱导愈伤组织。

（2）农杆菌活化。取 80 μL 农杆菌菌液接种到 920 μL LB 液体培养基（含卡那霉素和利福平）上，28℃、200 r/min 过夜培养；取 1 mL 上述活化菌液接种到 100 mL LB 液体培养基（含卡那霉素和利福平）上，28℃、200 r/min 过夜培养，至 OD_{600}＝0.6～0.8。

（3）侵染、共培养。将上述扩培后的农杆菌菌液分装至 50 mL 灭菌离心管（每管 25 mL）中，4℃、5000 r/min 离心 10 min，弃上清。用少量 MGL 侵染培养基重悬菌体，4℃、5000 r/min 离心 10 min，弃上清。用含有乙酰丁香酮的 MGL 侵染培养基重新悬浮菌液，并将菌液稀释至 OD_{600} 为 0.6～0.8，28℃、200 r/min 振荡培养 1 h。将预培养两周的生长良好的愈伤组织，置于含 100 mL 侵染液的无菌的锥形瓶中，每瓶 150～200 个，28℃、200 r/min 振荡侵染 10～20 min。侵染后，将愈伤组织置于灭菌滤纸上晾至干湿适宜，转至垫有 1 层无菌滤纸的共培养培养基上培养 2～3 d。

（4）恢复培养。共培养后，转至恢复培养基，恢复培养 2 周。

（5）分化筛选。将恢复培养两周后的愈伤组织转移到分化筛选培养基上，在 25℃、16 h 光照 /8 h 黑暗的条件下进行分化筛选培养。其间，及时剔除褐化、生长异常及染菌的愈伤组织或幼苗。将出现绿点、生长良好的或已分化成幼苗的愈伤组织每隔两周继代一次，并统计分化率（注意：不同基因型对筛选剂的敏感性存在差异）。

（6）再生。将成功分化出的幼苗轻柔地转移到生长培养基上，25℃、16 h 光照 /8 h 黑暗条件下培养，待幼苗的高度达到 3～5 cm 时，将其转移到生根壮苗培养基上进行生根培养，并统计再生率。

（7）春化。将生长状态较好且根系较发达的小苗置于低温春化 1～2 周。

（8）移栽。将春化后的幼苗取出，移栽到大小适宜的花盆中，25℃、16 h 光照 /8 h 黑暗条件下培养，直至成熟。

（六）农杆菌介导的大豆遗传转化（由华中农业大学大豆团队提供）

1. 实验材料

大豆品系威廉姆斯 82（Williams 82）种子，农杆菌菌株 EHA101（含有目的基因的质粒 pTF101.1，质粒上包含 *bar* 基因，以便转基因植株阳性筛选）。

2. 实验试剂

（1）YEP（固）液体培养基：胰蛋白胨 10 g/L＋酵母提取物 5 g/L＋NaCl 5 g/L（固体培养基加琼脂 10 g/L），添加抗生素利福平 25 mg/L 和卡那霉素 50 mg/L。

（2）共培养培养基：B_5 干粉 0.32 g/L＋蔗糖 30 g/L＋MES 3.9 g/L＋半胱氨酸 400 mg/L＋二硫苏糖醇（DTT）154 mg/L＋6-苄基氨基嘌呤（6-BA）1.67 mg/L＋赤霉素（GA_3）0.25 mg/L＋乙酰丁香酮 40 mg/L＋B_5 维生素 0.112 g/L＋琼脂 7 g/L。

（3）侵染培养基：B_5 干粉 0.32 g/L＋蔗糖 30 g/L＋MES 3.9 g/L＋BAP 1.67 mg/L＋GA_3 0.25 mg/L＋乙酰丁香酮 40 mg/L。

（4）芽诱导培养基：B_5 干粉 3.21 g/L＋蔗糖 20 g/L＋MES 0.59 g/L＋BAP 1.11 mg/L＋头孢霉素 100 mg/L＋草铵膦 8 mg/L＋特美汀 50 mg/L＋万古霉素 50 mg/L＋琼脂 7 g/L。

（5）芽伸长培养基：MSB 干粉 4.4 g/L＋蔗糖 30 g/L＋MES 0.59 g/L＋玉米素（Zeatin-R）1 mg/L＋IAA 0.1 mg/L＋GA_3 0.5 mg/L＋天冬氨酸 50 mg/L＋谷氨酰胺 100 mg/L＋头孢霉素 100 mg/L＋草铵膦 8 mg/L＋特美汀 50 mg/L＋万古霉素 50 mg/L＋琼脂 7 g/L。

（6）生根培养基：MSB 干粉 2.2 g/L＋蔗糖 20 g/L＋吲哚丁酸（IBA）1 mg/L＋草铵膦 3 mg/L＋琼脂 7 g/L。

其他还有次氯酸钠、36%浓盐酸、草甘膦等。

3. 实验步骤

（1）种子消毒。挑选出干净无斑、大小均匀的大豆种子，将其平铺于培养皿中，培养皿（同盖）放入带有密封盖的干燥器中（直径20 cm，确保密封盖可以运行），在干燥器中放入装有96 mL次氯酸钠的烧杯，逐滴地沿着杯壁加入4 mL 12 mol/L的盐酸（36%浓盐酸），盖上干燥器的盖子密封灭菌16 h左右，灭菌结束后将培养皿盖上盖子取出。

（2）农杆菌的活化。从超低温冰箱中取出保存菌株的甘油管在冰上融化，在YEP固体培养基上划线后，将菌板置于28℃培养箱暗培养36~48 h，待菌板长出清晰的单菌落后，挑取单菌落于5 mL的YEP液体培养基中，在28℃摇床培养12~20 h后，将按照菌液：培养基＝1：100比例继代到100 mL的YEP液体培养基中，28℃、200 r/min摇床培养直至OD＝0.8~1。将培养好的菌液4000 r/min离心10 min去上清，用侵染培养基将沉淀重新悬浮（细菌细胞密度调整为原始密度的1/2。用侵染培养基将50 mL培养物的沉淀重悬至25 mL，最终密度约为0.5×10^8个细胞/mL），然后重悬的菌液以60 r/min的转速室温轻轻摇动至少30 min。

（3）大豆种子的吸胀。取出灭菌后的大豆种子，在超净工作台中加入去离子水，直到水离培养皿顶部1/4 cm为止，然后将种子置于28℃培养箱中暗培养。

（4）外植体的制备和侵染。大豆种子萌发20 h后，取30粒种子进行切割，用手术刀片在萌发好的大豆两片子叶正中间切割，分离子叶并去除种皮，将子叶节末端的胚轴修剪到大约3 mm，并除去附着在子叶节上的丛生芽，完成后将60个外植体（30个种子）置于无菌培养皿中，并加入30 mL农杆菌侵染培养基，确保外植体被侵染介质完全覆盖。外植体在室温下培育20~30 min，偶尔轻轻搅拌。

（5）共培养。侵染完成后，将外植体放在滤纸上沥干多余的液体，去除多余的感染介质。在共培养培养基上铺一层经过高压灭菌的滤纸，将外植体转移到共培养培养基中，使平坦的正面接触滤纸。用封口膜封住培养皿，然后在18 h光照/6 h黑暗光周期下于24℃培养3~5 d。

（6）芽诱导培养。共培养3~5 d后，从共培养培养基中取出外植体，将外植体放在芽诱导培养基上（每个培养皿6个外植体）。外植体置于培养基时，子叶节末端应该嵌入培养基中，并且再生区域以30°~45°角平整地朝上（仅转移含有完整修剪的胚轴的外植体）。外植体转移完成后用封口膜包裹培养皿，并在24℃、18 h光照/6 h黑暗光周期下培育14 d（培养皿要平铺在培养架上，不可摞起来）。培养14 d后，切除丛生芽，将外植体转移到新鲜的芽诱导培养基中，在24℃恒温箱中培养14 d。

（7）芽伸长培养。外植体在芽诱导培养基上培养4周（2次继代）后，除去外植体的子叶，在外植体的基部进行新鲜切割，将其转移到新鲜的芽伸长培养基中，并在24℃、18 h光照/6 h黑暗光周期下培育。每2周将组织转移到新鲜的芽伸长培养基中。

（8）生根培养。将伸长的芽（一般剪取芽长>4 cm）移入生根培养基上生根。培养 2～4 周，长出足量的根系时，进行移栽。移栽后利用草甘膦进行筛选。

（七）农杆菌介导的拟南芥花序法转化

1. 实验材料

哥伦比亚生态型拟南芥种子、含有 pCAMBIA1300 质粒载体的农杆菌菌株（GV1301）。

2. 实验试剂

（1）LB 固（液）体培养基：同本实验（一）。

（2）渗透培养基：MS 大量元素母液 50 mL/L＋5% 蔗糖＋20 μL 表面活性剂 Silwet L-77。

3. 实验步骤

（1）拟南芥材料的准备。在营养土中种植一定数量的拟南芥，至花期，采用花序进行转化。

（2）农杆菌的活化。将制备好的农杆菌菌液在转化前一天晚上转入 200 mL LB 液体培养基中过夜培养，使 OD＝1.2～1.6。然后离心弃上清，将农杆菌悬浮于 200 mL 渗透培养基里，使 OD＝0.8 左右即可用于转化。

（3）农杆菌侵染拟南芥花序。进行花序侵染前先剪掉角果和花，然后将拟南芥的花序（花蕾）浸泡于含农杆菌的渗透培养基里 2～3 min（可将拟南芥倒转过来），可用吸管轻轻搅拌农杆菌侵染缓冲液，以利于转化，侵染结束后将植株平放于吸水纸上干燥数分钟，以免农杆菌菌液滴落到莲座叶上，同时也避免过高浓度的农杆菌对植株有毒害作用。转化完成后套黑色塑料袋进行暗培养，1 d 后，揭开塑料袋进行光照培养直至角果成熟（一个月左右可收获种子）。

五、注意事项

1. 本实验列举的植物均可采用农杆菌介导的方法进行遗传转化，转化的程序大体一致，但转化的外植体选择及培养基成分存在差异。

2. 农杆菌侵染时外植体稍微干燥可以增加农杆菌的吸附。

3. 共培养后第一次进行选择培养时应尽量使培养的环境保持干燥，可以减少农杆菌的污染。

六、实验结果与分析

1. 每周观察转基因外植体的生长状况，如有污染，分析造成污染可能的原因。

图 18-1 为进行棉花遗传转化过程中下胚轴的状态，转入筛选培养基后 40～80 d 可产生胚性愈伤组织。其过程类似于愈伤组织诱导过程，因为经历了农杆菌侵染及恢复过程，产生愈伤组织的速度较慢。在培养过程中，可能发生农杆菌和其他杂菌

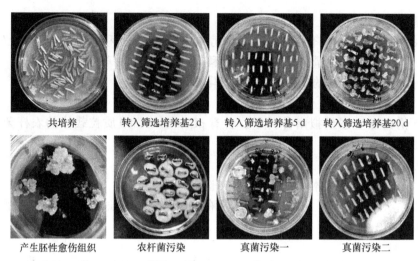

图 18-1　棉花遗传转化不同培养天数下胚轴的状态及污染情况

污染，如果侵染时农杆菌菌液浓度高或者侵染时间过长、筛选培养基抗生素失效，可能造成农杆菌污染，无菌操作不当等原因会造成其他杂菌污染。

2．3 周后统计转化效率（产生愈伤组织数 / 接种下胚轴数），并描述愈伤组织的颜色、大小、质地，说明转基因后愈伤组织的特征与非转基因愈伤组织诱导过程的差异。

七、思考题

1．简述根癌农杆菌介导的植物遗传转化的基本步骤及注意事项。

2．农杆菌介导的棉花遗传转化中使用的共培养培养基和选择培养基的作用分别是什么？农杆菌侵染前为什么要加入乙酰丁香酮？

3．根癌农杆菌介导的植物遗传转化有哪些优缺点？

4．哪些措施可以提高根癌农杆菌介导的转化效率？

实验十九　植物原生质体的分离和纯化

一、实验目的

1．了解植物原生质体分离和纯化的原理。

2．掌握植物原生质体分离、纯化的方法。

3．掌握植物原生质体活力测定和原生质体计数的方法。

二、实验原理

植物原生质体是指细胞中去掉了细胞壁后的部分，包括细胞膜、细胞质、细胞核等结构。植物细胞在纤维素酶、半纤维素酶和果胶酶的作用下，细胞壁被消化，纤维素酶的作用是降解构成细胞壁的纤维素，果胶酶是用来降解连接细胞的中胶层，使细胞从组织中解离出来，可以得到裸露的原生质体。原生质体在合适的培养条件下能再生细胞壁，进行分裂、生长，形成愈伤组织。进一步分化成根和芽，长成新的植株，表现了植物细胞的全能性。

原生质体由于没有细胞壁的保护，对外界环境条件中的渗透压较为敏感，如果酶解过程或者培养过程酶液和培养基的渗透压与细胞内的渗透压相差过大，则容易导致原生质体收缩或者膨胀，最终导致原生质体的死亡。因此需要渗透压调节剂维持环境中的渗透压，常用的渗透压调节剂为一些糖或者糖醇，如葡萄糖、蔗糖、甘露醇等，棉花中常用 0.45~0.6 mol/L 的甘露醇作为渗透压调节剂。

分离的原生质体要进行活力检测，常用的检测方法有 FDA 染色法（活细胞染色）和伊红 Y 染色法（死细胞染色）。FDA 染色法中，FDA 本身没有极性，无荧光发生，可以自由出入细胞膜；在活细胞中，FDA 经酯酶分解为荧光素，后者为具有荧光的极性物质，不能自由出入细胞膜，从而在细胞中积累，在紫外光照射下，发出绿色荧光，原生质体活力以在暗场中发绿色荧光的原生质体数占在亮场中总的原生质体数的百分率来计算。伊红 Y 染色法中，伊红 Y 能透过受损的原生质体膜进入死细胞，而活性原生质体的细胞膜能阻断伊红 Y 染料的进入，因此被伊红 Y 染色的为非活性的原生质体，原生质体活力以在明场中未被染色的原生质体数占总的原生质体数的百分率来计算。

原生质体在一定的密度下培养才能生长良好，常用的培养密度为 2×10^5~5×10^5 个 /mL。原生质体计数采用血球计数板。计数结果以每毫升原生质体数表示。血球计数板是一块特制的厚型载玻片，载玻片上有 4 条槽而构成 3 个平台。中间的平台较宽，其中间又被一短横槽分隔成两半，每个半边上面各有一个计数室。计数室的刻度有两种：一种是计数室分为 16 个大方格（大方格用三线隔开），而每个大方格又分成 25 个小方格；另一种是一个计数室分成 25 个大方格（大方格之间用双线分开），而每个大方格又分成 16 个小方格。但不管是哪种计数室，它们都有一个共同特点，即每个计数室都由 400 个小方格组成。计数室边长为 1 mm，则计数室的面积为 1 mm²，每个小方格的面积为 1/400 mm²。盖上盖玻片后，计数室的高度为 0.1 mm，所以每个计数室的体积为 0.1 mm³，每个小方格的体积为 1/4000 mm³。通过显微镜观察获得每个小方格中原生质体数，通过公式计算出每毫升原生质体数。

三、器具与用品

1. 实验材料
棉花胚性愈伤组织和拟南芥叶片。

2. 实验器具
超净工作台、离心机、10 mL 离心管、血球计数板、吸管、封口膜、15 mm×60 mm

培养皿、6 cm 培养皿、双层不锈钢筛（140 目和 400 目）、小烧杯、普通光学显微镜、载玻片、盖玻片、试管、镊子、解剖刀、摇床、滴管等。

3. 实验试剂

伊红 Y、CPW9M 和 CPW25S 溶液（高温高压灭菌）、酶液（抽滤灭菌）（CPW 和酶液的配方如表 19-1 和表 19-2 所示）。

表 19-1　CPW 溶液配制

组分	浓度（mg/L）
$CaCl_2 \cdot 2H_2O$	1480
KH_2PO_4	27.2
KNO_3	101
组分	mg/L
$MgSO_4 \cdot 7H_2O$	246
$CuSO_4 \cdot 5H_2O$	0.025
KI	0.16
CPW9M 添加 90 g 甘露醇	
CPW25S 添加 250 g 蔗糖，pH 5.8	

表 19-2　酶液的配制

组分	浓度（g/100 mL）
甘露醇	9
$NaH_2PO_4 \cdot 2H_2O$	0.011
$CaCl_2 \cdot 2H_2O$	0.036
组分	g/100 mL
MES	0.12
Cellulase R-10	2.5
Macerozyme R-10	1.5
Hemicellulase	2
调 pH 为 5.8	

四、实验步骤

1. 原生质体的分离

（1）叶肉原生质体的分离。取约 2 g 拟南芥幼嫩叶片放在 15 mm×60 mm 的培养皿中，用解剖刀将叶片切成 0.1 cm 宽的细条，加入 2 mL 酶液，轻轻摇匀，封口膜封口，置于摇床上 40 r/min、28℃黑暗条件下酶解 4 h。

（2）胚性愈伤原生质的分离。取 1 g 颗粒状、新鲜的棉花愈伤组织于 6 cm 培养皿中，加入 6 mL 酶液，轻轻摇匀，封口膜封口，置于摇床上，40 r/min、28℃ 黑暗条件下酶解 14 h。

2. 原生质体的纯化

（1）酶解后的原生质体-酶混合物经双层不锈钢筛（140 目和 400 目）去掉残渣，滤液用小烧杯收集，随后滤液在 10 mL 的离心管中离心 4～5 min（800 r/min），使原生质体沉于管底，细胞壁等碎片浮在液面。弃除上清液，原生质体加入 1～2 mL 的 CPW9M 溶液轻轻混匀。

（2）在另一离心管中加入 5 mL CPW25S 溶液，轻轻加入混有原生质体的 CPW9M 溶液，离心 4～5 min（800 r/min），原生质体在两液面形成一条带，其他的杂质及少量的原生质体沉于管底。将原生质体轻轻地吸出，转入 10 mL 离心管。

3．原生质体活性检测

（1）吸取少许原生质体悬液涂于载玻片上，滴一滴伊红 Y，染色 5 min，轻轻加上盖玻片。

（2）在普通光学显微镜下观察，调整不同光源，取 5 个任意视野分别计数总原生质体和未染上色的原生质体。活力用未染上色的原生质体数占同一视野原生质体数的百分比表示。

4．原生质体计数

用血球计数板计算原生质体的密度。

（1）用滴管吸取少许原生质体悬液滴在计数室上，盖上一块盖玻片。

（2）静置片刻，将血球计数板置显微镜载物台上夹稳，先在低倍镜下找到计数室后，再转换高倍镜观察并计数。

（3）计数时若计数室是由 16 个大方格组成，则按对角线方位，数左上、左下、右上、右下的 4 个大方格（即 100 小格）的原生质体数。如果是 25 个大方格组成的计数室，除数上述四个大方格外，还需数中央 1 个大方格的原生质体数（即 80 个小格）。如原生质体位于大方格的双线上，计数时则数上线不数下线，数左线不数右线，以减少误差。

（4）求出每一个小格中原生质体平均数（N），按公式计算出每毫升悬液所含原生质体数量，系数为 $N \times 6 \times 10^6$。

（5）测数完毕，取下盖玻片，用水将血球计数板冲洗干净，切勿用硬物洗刷或抹擦，以免损坏网格刻度。洗净后自行晾干或用吹风机吹干，放入盒内保存。

五、注意事项

1．原生质体纯化时，两种洗液的使用顺序和用量的比例不要颠倒。

2．原生质体纯化时，吸取原生质体带动作要轻，尽量一次吸完。

3．使用血球计数板时首先要清楚使用的是哪种计数板；吸取悬液的量尽量少，避免悬液的高度过高；加盖片时要轻，以免原生质体密度不均一。

六、实验结果与分析

1．分析不同组织来源的原生质体的区别

图 19-1 为棉花不同组织分离获得的原生质体的状态及胚性愈伤组织来源的原生质体进行培养植株再生的过程。不同组织来源的原生质体有明显的差异。叶片来源的原生质体含有较多的叶绿素，胚性愈伤组织来源的原生质体内容物充实，来自于下胚轴的原生质体较大、易破碎。

2．计算获得的原生质体的活力和密度

以图 19-2A 为例，一个视野中可以观察到整个计数室（大正方形边框），我们可以选取 4 个边角和中心共计 5 个中格（5 个小正方形）80 个小格计数其中的原生

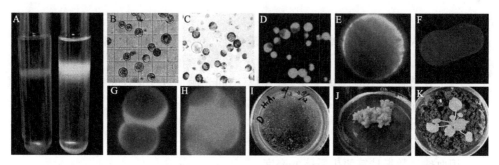

图 19-1　棉花原生质体分离及培养动态（Yang et al.，2008；Yang et al.，2007）

A. 原生质体带；B，C. 来源于胚性愈伤组织和叶片的原生质体；D. 原生质活力测定；E，F. 荧光增白剂 M_2R
检测原生质细胞壁再生；G，H. 细胞分裂；I～K. 棉花原生质体培养植株再生的过程

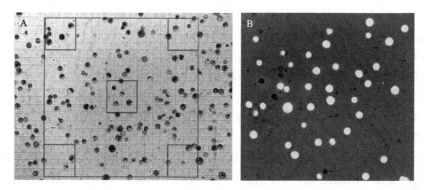

图 19-2　原生质体密度计数（A）及活力检测（B）

质体，依据计左边线不计右边线，计上边线不计下边线的原则，80 个小格原生质体数为 22 个，因此 $N=22/80=0.275$，根据公式计算出 1 mL 溶液中原生质体数 = $0.275×6×10^6=1.65×10^6$。

活力统计可采用伊红 Y 染色法（染死细胞）和 FDA 染色法（染活细胞，荧光观察），图 19-2B 为 FDA 染色后原生质体在荧光和白光下的状态，绿色荧光（图中白色）的为活细胞，箭头所指的没染色（图中黑色）的为死细胞，活力可通过活细胞数 / 总细胞数进行统计。

七、思考题

1. 要获得数量多、活力强的原生质体，实验中要注意哪些问题？
2. 除了本实验介绍的方法，你还知道哪些判断原生质体活力的方法？
3. 目前用作原生质体分离的材料主要有哪些？它们各自有什么优点？
4. 为什么原生质体要培养在等渗培养基中？
5. 原生质体培养中如何稳定培养基的 pH？

实验二十 转基因植株 PCR 阳性检测

一、实验目的

掌握利用 PCR 检测外源基因是否转入到受体材料的方法。

二、实验原理

1. 转基因植株 DNA 提取（CTAB 法）的基本原理同实验三。

2. PCR 的基本原理同实验四。

3. PCR 阳性检测可以检测报告基因或目的基因。

4. PCR 阳性检测的优点是检测迅速、灵敏度高、操作方便；不足之处是假阳性偏高、不能提供整合位点的遗传信息。因此，PCR 的检测方法仅用于转基因阳性植株的初步筛选。

三、材料与用品

1. 实验材料

转基因棉花植株幼嫩叶片。

2. 实验器具

研钵、水浴锅、台式离心机、微型离心机、微量移液器及枪头、电泳仪、水平电泳槽、透射紫外观察仪、PCR 自动扩增仪、0.2 mL PCR 管、1.5 mL 离心管、微波炉、量筒、锥形瓶、冰箱、纸巾等。

3. 实验试剂

2% CTAB 抽提缓冲溶液、氯仿-异戊醇（24∶1），*RFP* 引物（F-ACAGAAC TCGCCGTAAAGAC，R-CCGTCCTCGAAGTTCATCAC）、无水乙醇、75% 乙醇、乙酸钠、TBE 缓冲液、琼脂糖、溴化乙锭、上样缓冲液、2×PCR mix（含 10× 缓冲液、25 mmol/L $MgCl_2$、10 mmol/L dNTP、5 U/μL *Taq* 酶）、矿物油、5 kb 分子量标记、ddH_2O 等。

四、实验步骤

1. DNA 的提取

（1）取少量叶片（约 1 g）置于研钵中，加入 700 μL 2% CTAB 抽提缓冲溶液磨至浆糊状。

（2）将磨碎液倒入 1.5 mL 的灭菌离心管中，磨碎液的高度约占离心管的 2/3。

（3）置于 65℃的水浴锅中，每隔 10 min 轻轻摇动，60 min 后取出。

（4）冷却 2 min 后，加入等体积氯仿-异戊醇（24∶1），振荡 2～3 min，使两者混合均匀。

（5）放入台式离心机中 10 000 r/min 离心 10 min。

（6）轻轻地吸取上清液至新的 1.5 mL 离心管中，加入 2 倍体积的预冷的无水乙醇，将离心管慢慢上下摇动 30 s，使无水乙醇与水层充分混合至能见到 DNA 絮状物。

（7）10 000 r/min 离心 10 min 后，立即倒掉液体，注意勿将白色 DNA 沉淀倒出，将离心管倒立于铺开的纸巾上。

（8）加入 1 mL 的 75% 乙醇（含 0.5 mol/L 乙酸钠），轻轻转动，用手指弹管底，使沉淀与管底的 DNA 块状物浮游于液体中。

（9）10 000 r/min 离心 1 min 后，倒掉液体，再加入 1 mL 的 75% 乙醇，将 DNA 再洗 30 min。

（10）10 000 r/min 离心 30 s 后，立即倒掉液体，将离心管倒立于铺开的纸巾上；数分钟后，直立离心管，干燥 DNA（自然风干或放在超净工作台上对风吹干）。

（11）加入 50 μL ddH$_2$O，使 DNA 溶解。

（12）置于 −20℃保存、备用。

2. 准备 PCR 反应溶液

（1）按照待检测样品数并加阳性对照、阴性对照，取若干 PCR 管，并进行标记。

管号	P	WT	1	2	3	……
样品	阳性对照	阴性对照	待检样品 1	待检样品 2	待检样品 2	……
模板	质粒	野生型样品	转基因样品 1	转基因样品 2	转基因样品 2	……

（2）用微量移液器按以下顺序分别加入各试剂至 0.2 mL PCR 管。

组分	2×PCR mix	RFP-F（50 ng/μL）	RFP-R（50 ng/μL）	模板 DNA（50 ng/μL）	ddH$_2$O	总计
体积（μL）	10	1	1	1	7	20

因各反应管只有模板不同，为了方便，也可按实际反应所需其他成分的总量先加在一个 1.5 mL 离心管中汇总混匀，后用微量移液器分装至各管，再添加模板。

（3）各反应液添加完毕后，将反应管放入微型离心机稍离心（如 5000 r/min，5～10 s），使溶液集中于管底。

（4）加等体积矿物油或者加盖封住溶液表面。

3. PCR 扩增反应

将加好样品的 PCR 管插在 PCR 自动扩增仪样品板上，95℃ 3 min，使模板充分变性。然后按以下步骤在 PCR 自动扩增仪中进行反应，30 个循环：95℃变性 30 s，55℃退火 30 s（温度根据引物的退火温度确定），72℃延伸 45 s（时间根据扩增片段长度确定，一般为 1 kb/min），最后 72℃延伸 5 min。PCR 反应结束后，将样品取出置于冰中待用。

4. 0.8% 琼脂糖凝胶电泳检测

（1）琼脂糖溶液的制备：称取 0.8 g 琼脂糖加入 100 mL 的 TBE 缓冲液，在微波炉中煮沸直到完全溶解；将溶液冷却到 50～60℃，加入溴化乙锭到终浓度为 0.5 μg/mL。

（2）将琼脂糖溶液倒入电泳支架上，放上梳子，梳子须离开电泳支架底部 1 mm 左右。

（3）点样：待凝胶凝聚后，小心拔去梳子，往梳子孔里滴加混有上样缓冲液的 PCR 样品 5～10 μL，点样顺序为分子量标记（M）、阳性对照（P）、阴性对照（N）、待检样品 1、2、3……

（4）电泳：将支架放入装有电极缓冲液的水平电泳槽中，电极缓冲液应淹没胶。打开电泳仪开关，电压为 100 V，PCR 样品带负电，应向正极移动。至溴酚蓝移到距边 1 cm 处，切断电源，取出凝胶，在透射紫外观察仪中检测，并拍照记录实验结果。

五、注意事项

1. PCR 阳性检测时要设置阳性对照和阴性对照。

2. 在配制 PCR 反应体系时各成分都定量加入，既不要多加也不要少加。

六、实验结果与分析

PCR 产物电泳检测的结果如图 20-1 所示。阳性对照在预计的分子量处出现单一 DNA 条带（1～14）。有目标条带出现说明此植株是阳性植株，没有条带则说明是阴性植株。

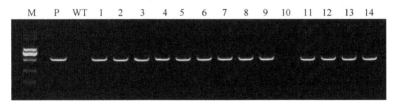

图 20-1　转基因植株的阳性检测

M. 分子量标记；P. 阳性对照；WT. 阴性对照；1～14. 转基因植株

七、思考题

1. 转基因植株 PCR 阳性检测时为什么要设置阳性对照和阴性对照？

2. PCR 阳性检测的优点和缺点是什么？

实验二十一　转基因植株 Southern 杂交分析

一、实验目的

学习和掌握 Southern 杂交技术的原理和方法，检测重组 DNA 分子中是否含有目的基因片段。

二、实验原理

Southern 于 1975 年首先建立将从琼脂糖凝胶电泳中分离的 DNA 转至纤维膜上，再将其与特定的带有放射性同位素标记的 DNA（或 RNA）片段杂交，最后经过放射自显影等方法从 X 底片上显示一条或多条杂交分子区带，从而检测特定 DNA 片段的方法。Southern 杂交是将待检测的 DNA 分子用或不用限制性酶消化后，通过琼脂糖凝胶电泳进行分离，继而将其变性并按其在凝胶中的位置转移到硝酸纤维素薄膜或尼龙膜上，固定后再与同位素或其他标记物的 DNA或 RNA 探针进行反应。如果待检物中含有与探针互补的序列，则二者通过碱基互补的原理进行结合，游离探针洗涤后用自显影或其他合适的技术（化学发光法或显色法）进行检测，从而判断待检的片段是否已经存在于植物的基因组中。该方法过程相对烦琐、需要材料量较大、对目标信号的检测难度相对较大，利用放射性同位素标记探针还有一定的危险性，但由于该方法具有高灵敏度的特点，至今仍被广泛采用。为尽量减少对人体的危害，本实验利用 Sigma 公司的地高辛标记试剂盒。

三、材料与用品

1. 实验材料

待测的转基因棉花植株 DNA（试剂盒抽提）。

2. 实验器具

台式离心机、PCR 仪、恒温水浴锅、电泳仪、电泳槽、刀片、上样缓冲液（含溴酚蓝）、X 光片条、X 光片、软塑料板瓷盘、玻璃板、玻璃棒、尼龙膜、滤纸、塑料袋、吸水纸、杂交炉、杂交管、变性炉、烘箱、摇床、封口机、微量移液器及枪头等。

3. 实验试剂

限制性内切酶 Hind Ⅲ 及缓冲液、0.8% 琼脂糖凝胶、DIG-High Prime DNA 标记及检测启动装 Ⅱ、5 kb DNA 分子量标记（M）、鲑鱼精 DNA、0.5×TBE 电泳缓冲液、10×buffer、Taq 酶、溴酚蓝、NaCl、0.2 mol/L NaOH、HCl、柠檬酸三钠、1% 十二烷基硫酸钠（SDS）（m/V）、吐温 20、Tris-HCl、NPT Ⅱ 引物

（F-TTGTCACTGAAGCGGGAAGG，R-CGATACCGTAAAGCACGAGGAA）、显影液、定影液、dd H_2O、上样缓冲液（含溴酚蓝）等。

（1）酸变性液：0.2 mol/L HCl（17.6 mL 浓盐酸定容至 1 L）。

（2）碱变性液：1.5 mol/L NaCl＋0.5 mol/L NaOH（87.66 g NaCl＋20 g NaOH 定容至 1 L）。

（3）碱转移液：1 mol/L NaCl＋0.4 mol/L NaOH（58.44 g NaCl＋16 g NaOH 定容至 1 L）。

（4）20×SSC：175.2 g 氯化钠，88 g 柠檬酸三钠，调 pH 至 7.0，定容至 1 L。

（5）洗膜液：

低严谨液 1 L（2×SSC＋0.1%SDS）		高严谨液 2～3 L（0.1×SSC＋0.1%SDS）	
储备液	体积（mL）	储备液	体积（mL）
20×SSC	100	20×SSC	5
10% SDS	10	10% SDS	10
ddH₂O	890	ddH₂O	985

洗膜液及检测液配方

试剂	制备方法	保存条件	用途
洗涤缓冲液	1 L 马来酸缓冲液中加入 3 mL 吐温 20	15～25℃，可稳定保存	膜洗涤
马来酸缓冲液	0.1 mol/L 马来酸（11.607 g），0.15 mol/L NaCl（8.766 g）；使用固体 NaOH（约 8.1 g）调整 pH 至 7.5（20℃）	15～25℃，可稳定保存	稀释封闭溶液（blocking solution）
检测缓冲液	0.1 mol/L Tris（12.1 g），0.1 mol/L NaCl（5.8 g），使用浓盐酸调整 pH 至 9.5（20℃）	15～25℃，可稳定保存	平衡膜，使已经结合在膜上的 anti-AP 作用放大，有利于后面的显色
封闭溶液	用马来酸缓冲液按照 1∶10 的比例将 10×blocking solution（管 6）稀释成 1× 工作溶液	每次使用前新鲜制备	封闭膜上非特异的结合位点
抗体溶液（anti-AP）	每次使用前将 Anti-Digoxigenin-AP（管 4，anti-AP）10 000 r/min 离心 5 min，从溶液表面小心吸取所需用量。封闭溶液工作液按照 1∶10 000 配制，即 2 μL 加入 20 mL 1×blocking solution	2～8℃下稳定保存 12 h	与地高辛标记的探针结合

四、操作步骤

1. 配制 DNA 酶切体系（50 μL）

组分	10×buffer	Hind Ⅲ酶	棉花植株 DNA	ddH₂O	总计
体积	5 μL	4 μL	20 μg	补平	50 μL

37℃酶切 48～72 h。取 1 μL DNA 酶切样品、5 kb DNA 分子量标记，用 0.8% 的 TBE 琼脂糖凝胶电泳检测酶切结果，电泳电压为 110 V。

2. 酶切产物的电泳

制备普通电泳 2 倍长度的 1% 的 TBE 琼脂糖凝胶，点样后在 0.5×TBE 电泳缓冲液中 250 V 高压电泳 10 min，然后 40 V 电泳 12～14 h，这时溴酚蓝离胶顶端 1 cm 左右。用刀片切除多余的凝胶，凝胶点样孔一端及两侧留出 2 mm 左右，溴酚蓝一端保留溴酚蓝作为变性处理的显色指示。胶左上角切一小角示方位，测量胶的长宽。

3. 转膜（碱转法）

（1）将切好的凝胶转入酸变性液中变性 10～15 min，其间不断摇晃至溴酚蓝完全变成黄色。

（2）将凝胶用 ddH₂O 漂洗一下，再放入碱变性液中浸泡 10～15 min，并不时温和摇动至溴酚蓝恢复到原来的蓝色。

（3）将凝胶用 ddH₂O 漂洗一下，然后放入碱转移液中浸泡 15 min。

（4）洗一块 15 cm×25 cm 的玻璃板和 4 块 X 光片条，切 17 cm×28 cm 的滤纸，取干净的 20 cm×30 cm 的磁盘，让玻璃板横放于磁盘上，把滤纸在碱转移液中浸湿后平整地铺在玻璃板上，使滤纸两端自然下垂到盘中，用玻璃棒赶净滤纸和玻璃板之间的气泡，往磁盘中加入 500 mL 碱转移液。

（5）将凝胶用软塑料板转移至滤纸桥上（凝胶背面朝上），用 X 光片条把凝胶的四周约 0.5 cm 宽与滤纸隔开，使转膜液必须经过凝胶向上运输以便使 DNA 能够充分印记到尼龙膜上。

（6）裁取与凝胶同样大小的尼龙膜（用铅笔做好标记），用碱转移液浸泡 5 min 后放于胶上（一次性放好，不要移动），使膜与胶完全重合，用玻璃棒赶尽尼龙膜与凝胶之间的气泡。

（7）切两块与尼龙膜同样大小的滤纸，浸湿后放在膜上并赶尽气泡，再在上面放 10 cm 厚的吸水纸，最后放一块玻璃板再加一个 500 g 左右的重物开始转膜 18～24 h。

（8）转好的膜用 2×SSC 漂洗 2 次，每次 5 min，用滤纸包住膜，80℃烘膜 2 h，取出冷却，置于 4℃冰箱保存备用。

4. 预杂交

首先将杂交炉调至 42℃ 预热。将尼龙膜用 2×SSC 浸泡 10～30 min，转移到洗净的杂交管中，用玻璃棒赶走尼龙膜和杂交管内壁间的气泡，加入预杂交液 I（starter kit I/II DIG Easy Hyb 缓冲液）20～25 mL，然后加入变性好的鲑鱼精 DNA（95℃变性 5 min 后立即放冰上 5 min），42℃低速（7～10 r/min）预杂交 10～12 h，并在此期间标记探针。

5. 标记探针

（1）首先利用 NPT II 引物扩增 NPT II 特异片段约 500 bp（方法见实验二十），

纯化回收 PCR 产物，测浓度后取适量稀释至 1～2 ng/μL，作为探针标记的模板。

（2）按照以下所列配制探针标记体系（20 μL）。

组分	10× Buffer	dNTP（试剂盒提供）	*NPT II* -F	*NPT II* -R	*Taq* 酶	dUTP-11-DIG（试剂盒提供）	上述模板	ddH₂O
体积（μL）	2	0.2	0.2	0.2	0.2	1	1	15.2

PCR 扩增的退火温度为 56℃，35 个循环。空对照不加 dUTP-11-DIG，只做检测用。配制 1.5% 的 TBE 胶进行标记检测，50～80 V，电泳 40～60 min，地高辛分子量很大，标记好的探针体积很大，电泳时比对照跑得慢。标记好的探针留 1 μL 检测，剩余的全部用来杂交，放置 −20℃ 下保存。

6. 杂交

将探针放入变性炉变性，98℃，5 min 后立即置于冰上 3 min〔注意：由于 dUTP-11-DIG 为碱不稳定，DNA 探针不能用碱处理（NaOH）的方法变性〕。取 200 μL 预杂交液 I 加入地高辛标记的 DNA 探针（在杂交液中浓度约为 25 ng/mL）。

将变性的探针与少量杂交液 I 混合，然后全部缓慢加入杂交管，不要直接加到膜上。充分混匀但要避免产生气泡（气泡容易导致背景），42℃、7～10 r/min 杂交 10～12 h。回收杂交液，将含有地高辛标记探针的预杂交液 I 保存在 −25～−15℃，溶液可以反复使用数次，在每次使用前新鲜处理，68℃变性 10 min。

7. 洗膜

（1）冷洗（常温）：先加 20 mL 低严谨液，润洗 5 min 后倒掉；再用低严谨液洗 2 次；每次 80 mL 洗 10 min；此时可解冻封闭溶液（blocking solution）。

（2）热洗（68℃）：加 80 mL 高严谨液洗三次，前两次 15 min，最后一次 10 min。然后用洗涤缓冲液 80 mL 洗 2～5 min；马来酸缓冲液 80 mL 洗 2～5 min。

（3）封闭背景：用马来酸缓冲液稀释杂交液 II（10×blocking solution，见试剂盒）成 1×blocking solution，即 180 mL 马来酸缓冲液加入 20 mL 10×blocking solution；取 80 mL 来封阻，杂交管在杂交炉中常温摇 1 h，用完弃掉；试剂盒 4 号管（anti-AP 抗体）用前离心，取 2 μL 加入 20 mL 1×blocking solution 后混匀，37℃，杂交 40 min。

（4）洗抗体（瓷盘中）：将膜取出放在瓷盘中，加入洗涤缓冲液洗三次，每次 100 mL，洗涤 15 min。

8. 检测

（1）瓷盘中加入检测缓冲液 200～300 mL，浸过膜，室温平衡 2～5 min；取塑料袋三边剪开，用微量移液器吸底物（CSPD），小膜 600 μL，大膜 800 μL，均匀分点在塑料袋上。

（2）将尼龙膜上有 DNA 的一面接触底物，将塑料袋折过来盖上，使底物均匀分布在尼龙膜表面。为避免产生气泡，用封口机封口，擦去塑料袋四周的多余液体。

（3）将湿膜置于室温 10 min 后再置于 37℃孵育 5～10 min，以增强化学发光反应。

（4）在黑暗条件下开红光，取出 X 光片，将尼龙膜上有 DNA 的一面接触 X 光片放入光片夹中夹紧，黑暗下压片 15～25 min（注意：化学发光的持续时间至少可达 48 h）。在检测反应开始后的几个小时内，信号强度是不断增强的，并将达到一个阈值，在之后的 24～48 h，信号强度基本持续不变。可进行多次曝光以获得理想的信号强度。

9. 显影定影（暗室中）

两瓷盘中分别加入适量显影液、定影液。将曝光好的 X 光片一端缓缓插入显影液中，反复几次，直到看到明显条带，用水冲洗干净。X 光片浸入定影液中 5 min，拿出用水冲洗晾干后照相。

注意：显影液和定影液用后回收重复利用，且不要见光，避免显影液和定影液交叉污染。所有的孵育均是在 25～50℃下振荡完成。如果经杂交的膜还需要再次与其他探针杂交，则要避免膜干燥。

10. 尼龙膜的再生

印记中碱不稳定形式的 dUTP-11-DIG 能够简便有效地被洗脱，以用于再一次的杂交实验。

（1）用无菌 ddH$_2$O 简单洗膜。

（2）在 37℃条件下，用含有 0.1% SDS 的 0.2 mol/L NaOH 洗涤两次，每次 15 min，保持振荡孵育，以除去 DIG 标记的探针。

（3）用 2×SSC 平衡膜，润洗约 5 min。

（4）探针洗脱后，及时将膜放在马来酸缓冲液中或者 2×SSC 中保存，直至再次使用。

五、注意事项

1. 若基因组 DNA 浓度过低，要以较大体积进行限制酶消化，消化完毕后，可以通过乙醇沉淀来浓缩 DNA 片段，加少量的 DNA 加样缓冲液点样。

2. Southern 杂交转膜技术有三种：毛细管转移法、电转移法和真空转移法。我们这里只采用了最经典的毛细管转移法，一定要注意转膜装置中各层滤纸和膜之间要将气泡赶净。一旦建立转膜系统后，要防止滤膜和凝胶错位，防止吸水纸倒塌和完全湿透，要及时更换吸水纸。

3. 对探针的标记方法又可以分为放射性标记和非放射性标记。利用放射性标记法危害性大，但其信号灵敏；而非放射性标记灵敏度比不上放射性标记法，目前常用的有地高辛标记法和生物素法。

4. 做 Southern 杂交的整个过程比较复杂，涉及的环节也比较多，因此任何一个环节都要非常谨慎。

六、实验结果与分析

如果基因组中有外源片段的插入，由于植物总 DNA 预先要酶切成不同长度的片段，外源基因插入的位置不同，会导致酶切后含外源基因的片段大小不同。如果这些片段能与探针杂交，胶片经放射自显影后会在相应的位置出现杂交信号，图 21-1 中不同样品出现了信号强度不等、数目不同的杂交条带。5、9、11、12 出现了 1 条杂交带，说明插入了 1 个外源基因，1、2、3、4、6、7、10 出现了 2 条或者多条带，则说明插入了 2 个或者多个拷贝的外源基因。

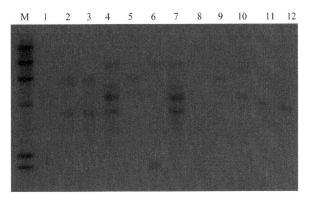

图 21-1　转基因植株的 Southern 检测

M. 分子量标记；1~12. 转基因材料

七、思考题

1. DNA 酶切后有很多条带，为什么 Southern 杂交只能检测出少数条带？
2. Southern 杂交过程中为什么要洗膜？

实验二十二　转基因植株 RNA 提取及检测

一、实验目的

了解试剂盒提取总 RNA 的原理，掌握高质量完整总 RNA 提取的技术，以及琼脂糖凝胶电泳检测和浓度及纯度鉴定方法。

二、实验原理

从植物组织中提取 RNA 是进行植物分子生物学方面研究的重要步骤。要进行 RT-PCR、Northern 杂交分析等分子生物学研究都需要高质量的 RNA。因此，从植物组织中提取纯度高、完整性好的 RNA 是顺利进行上述研究的关键所在。目前提取 RNA 的方法很多，本实验重点介绍异硫氰酸胍法提取植物总 RNA 和试剂盒提取植物总 RNA 的方法。

异硫氰酸胍法：含异硫氰酸胍、聚乙烯吡咯烷酮（PVP）等成分的 RNA 裂解液能从组织细胞中快速抽提总 RNA，并在匀浆和裂解细胞时保持 RNA 的完整性。氯仿等有机溶剂能够去除蛋白质等杂质，异丙醇可将 RNA 从水中沉淀出来。

试剂盒法：SL 反应液裂解植物细胞，让组织中的核酸释放出来，然后利用过滤柱 CS 吸附上清液中的组织碎片，再利用吸附柱 CR_3 吸附核酸，洗涤液 RW_1 和 RW 分别去蛋白和盐，最后用洗脱液溶解 RNA，这样就提取出了植物组织中的总 RNA。

三、材料与用品

1. 实验材料

转基因棉花抗性植株。

2. 实验器具

研钵、冷冻台式高速离心机、移液器、无 RNase 的离心管、微量移液器、低温冰箱、紫外分光光度计（NanoDrop 2000）、电泳仪、电泳槽、超净工作台、高压灭菌锅等。

3. 实验试剂

天根植物基因组 RNA 提取试剂盒（DP441）、液氮、β-巯基乙醇、DNase I 及其缓冲液 RDD、琼脂糖、TAE 电泳缓冲液、溴化乙锭、2 mol/L 乙酸钠（NaAc）（pH4.5）、二水合柠檬酸钠、十二烷基肌氨酸钠、异硫氰酸胍、2%PVP（m/V）、2‰ 焦碳酸二乙酯（DEPC 水，m/V）、氯仿、异丙醇、无水乙醇、苯酚等。

配制 RNA 裂解液，见表 22-1。

表 22-1　RNA 裂解液配制

试剂	含量（g/L）
二水合柠檬酸钠（$C_6H_9Na_3O_4$）	7.768
十二烷基肌氨酸钠（$C_{15}H_{28}NNaO_3$）	5.28
异硫氰酸胍（$CH_5N_3 \cdot HSCN$）	500
2%PVP（m/V）	20
DEPC 水定容到 1 L，然后加入 β-巯基乙醇	

四、实验步骤

（一）基因组 RNA 提取（异硫氰酸胍法）

（1）取约 0.1 g 棉花植株幼嫩叶片（保存在 −70℃）置于预冷的研钵中，加入少量液氮充分研磨，粉末转入加了 900 μL RNA 裂解液（已加入 β-巯基乙醇）的 2 mL RNA 离心管中。

（2）加入 1/10 体积的 2 mol/L NaAc（pH 4.5），约 90 μL，充分混匀后放置冰上裂解约 15 min。

（3）加入等体积的氯仿，4℃条件下剧烈振摇 15 min，12 000 r/min 离心 10 min。

（4）取上清，重复步骤（3）。

（5）取上清，加入等体积的异丙醇，充分混匀后−20℃环境中静置约 20 min。

（6）12 000 r/min 离心 15 min，弃上清。

（7）在沉淀中加入 DEPC 水配制的 75% 的乙醇，漂洗 2～3 次，若沉淀飘起，可离心 3～5 min。

（8）待沉淀风干，加入 86 μL 的 DEPC 水溶解沉淀。

（9）加入 4 μL RQ$_1$ Rnase-Free Dnase（PROMEGA 公司）及 10 μL 10×buffer，混匀后放置在 37℃水浴 30 min，使 DNA 充分降解。

（10）取出离心管，加入适量 DEPC 水至 800 μL，加入等体积的酚氯仿（提前配制，避光保存，酚：氯仿＝1：1），剧烈振摇混匀。

（11）12 000 r/min 离心 10 min，取上清，加入等体积的氯仿抽提一次。

（12）取上清，加入等体积异丙醇，混匀后−20℃环境中静置 20 min。

（13）12 000 r/min 离心 15 min，弃上清。

（14）在沉淀中加入 DEPC 水配制的 75% 的乙醇，漂洗 2～3 次，若沉淀飘起，可离心 3～5 min。

（15）置于超净工作台上风干，加入适量体积的 DEPC 水溶解沉淀，此溶液即为纯化后的 RNA 溶液，−80℃保存可用于后续实验。

（二）基因组 RNA 的提取（试剂盒法）

提取基因组 RNA 使用天根生化科技（北京）有限公司的 RNA 提取试剂盒，具体步骤如下。

（1）取 0.1 g 左右的样品在液氮中迅速研磨成粉末，加入 500 μL SL（已加入 β-巯基乙醇），立即振荡混匀。

（2）12 000 r/min 离心 2 min。

（3）将上清液转入过滤柱 CS 上（过滤柱放在收集管中），12 000 r/min 离心 2 min，小心吸取收集管中的上清液至新的 RNA 离心管中。

（4）缓慢加入 0.4 倍上清液体积的无水乙醇，混匀（此时可能会出现沉淀），将混合液和沉淀一起转入吸附柱 CR$_3$ 中，12 000 r/min 离心 15 s，弃废液，吸附柱放回收集管中。

（5）向吸附柱中加入 350 μL 去蛋白液 RW$_1$，12 000 r/min 离心 15 s，弃废液，吸附柱放回收集管中。

（6）DNase I 工作液的配制：取 10 μL DNase I 放入新的 RNA 离心管中，加

入 70 μL RDD 溶液，轻柔混匀。

（7）向吸附柱中央加入 80 μL DNase I 工作液，室温放置 15 min。

（8）向吸附柱中加入 350 μL 去蛋白液 RW$_1$，12 000 r/min 离心 15 s，弃废液，吸附柱放回收集管中。

（9）向吸附柱中加入 500 μL 漂洗液 RW（已加入无水乙醇），12 000 r/min 离心 15 s，弃废液，吸附柱放回收集管中。

（10）重复步骤（9），12 000 r/min 空离 2 min 以除净乙醇。

（11）将吸附柱放入新的 RNA 离心管中，向吸附膜中央悬空滴加 30～50 μL 洗脱液，室温放置 2 min，12 000 r/min 离心 1 min，得 RNA 溶液（可将溶液再加入吸附柱中，以便得到更高浓度的 RNA 溶液）。

（三）RNA 的检测

1. 电泳检测 RNA 完整性

制备普通的 1.2% 琼脂糖凝胶，吸取适量所得的 RNA 溶液，稀释 10 倍后点样，跑电泳检测 RNA 分子完整性，观察 5S、18S、28S 条带的清晰度和亮度。一般情况下，28S 条带的亮度是 18S 条带亮度的 1.5～2.0 倍，否则表示 RNA 样品降解。若条带出现弥散，则说明降解严重。

2. 紫外分光光度计（NanoDrop 2000）测定 RNA 的纯度和浓度

取一定量 RNA 提取物，用 RNase-Rree ddH$_2$O 稀释 n 倍，用 RNase-Free ddH$_2$O 将分光光度计调零平衡仪器，吸取 1.5～2.0 μL 样品进行测定。

纯度：A$_{260}$/A$_{280}$ 比值是衡量蛋白质污染程度的指标。比值 2.0 是高质量 RNA 的标志。A$_{260}$/A$_{280}$ 在 1.8～2.1 之间表示 RNA 纯度较高。

浓度：终浓度（ng/μL）=（OD$_{260}$）×稀释倍数。

五、注意事项

1. 由于 RNA 非常容易被降解，因此整个操作过程要进行严格控制，避免 RNA 降解或被污染，操作时要戴口罩及一次性手套，并尽可能在低温下操作。

2. 最好用一次性无 RNase 的器具提取 RNA，配制的溶液应用 0.2% DEPC 水处理过夜，再高压灭菌 30 min 以除去痕量 DEPC。

3. 氯仿酚有毒，操作时注意。

六、实验结果与分析

提取的 RNA 稀释 10 倍后利用 1.2% 的琼脂糖凝胶（含溴化乙锭）电泳检测。

一般能分离到 3 条带图，从下往上对应的带分别是 5S、18S 和 28S rRNA。一般根据 rRNA 带型是否完整来判断 mRNA 提取的质量。如果跑出的带型弥散、不清楚，则表明 RNA 提取效果不好；如果 18S 和 28S 的条带明显清晰，而 5S 的带比较弱，28S 的带的亮度是 18S 带亮度的 1.5～2 倍，则表明 RNA 保持完整，可以

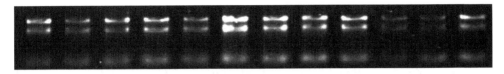

图 22-1　植物总 RNA 的凝胶电泳图

用于后续的研究。

七、思考题

1. 异硫氰酸胍法和试剂盒法提取 RNA 的原理分别是什么？
2. 提取 RNA 与提取 DNA 的不同点有哪些？

实验二十三　转基因材料的 RT-PCR 检测

一、实验目的

了解 RT-PCR 的原理，掌握 RT-PCR 检测外源基因是否得到表达的技术和方法。

二、实验原理

聚合酶链式反应（polymerase chain reaction，PCR）是一种体外扩增 DNA 的简单而有效的方法。虽然原理上 PCR 法是扩增 DNA，RNA 不能直接被扩增，但是经过反转录酶的作用把 RNA 反转录成 cDNA 后，PCR 法便可应用于 RNA 的解析了。迄今为止，此方法已广泛应用于 RNA 的构造解析、cDNA 的克隆及 RNA 水平上的表达解析等多个领域。

编码蛋白质的基因在转录后形成 mRNA，mRNA 翻译后编码产生蛋白质。真核生物的 mRNA 的 3′ 端有多个腺苷酸，形成寡聚腺苷酸的尾巴，因此可以与胸腺嘧啶组成的脱氧寡核苷酸链（oligo dT）结合，在反转录酶的作用下形成 cDNA。再通过基因的特异引物 PCR 扩增得到基因的特异片段，此方法称为两步法。也可以根据已知基因的序列设计引物，以基因的特异引物进行反转录，得到特异基因的 cDNA，以此为模板 PCR 扩增得到特异基因片段，由于此法反转录和 PCR 扩增在同一反应管中进行，转录和扩增的引物相同，因此称为一步法。

三、材料与用品

1. 实验材料
转基因棉花叶片的总 RNA。
2. 实验器具
PCR 仪、移液器、低温冰盒、无 RNase 离心管、微量移液器、PCR 管、电泳仪、电泳槽等。

3．实验试剂

逆转录试剂盒（SuperScript™ Ⅲ First-Strand Synthesis System for RT-PCR，购自 Promega 公司）、oligo（dT）、内参 *ubiquitin7*（*Ub7*）引物（F-GAAGGCATTCCACCT GACCAAC，R-CTTGACCTTCTTCTTCTTGTGCTTG）、目的基因（*CysP*）引物（F-AGG ATGGCAAGGAATGTGGC，R-GAGGTTTTATAGGAGAT GGTGGAGAC）、2×PCR mix（含 10× 缓冲液、25 mmol/L MgCl$_2$、10 mmol/L dNTP、5 U/μL *Taq* 酶）、矿物油、5 kb 分子量标记（M）、ddH$_2$O、TBE 溶液、琼脂糖、溴化乙锭、DEPC 水等。

四、实验步骤

1．cDNA 反转录

（1）取 3 μg RNA 于 0.5 mL 无 RNase 离心管中，加入 1 μL oligo（dT），然后用 DEPC 水补足体积至 15 μL，充分混匀。

（2）将上述混合物置于 PCR 仪中，70℃热变性 10 min，以打开 RNA 的二级结构，然后迅速置于冰上放置 5 min。

（3）向混合物中加入以下试剂：5 μL 5×MLV Buffer，1 μL Rnasin，1 μL M-MLV RTase（以上来自试剂盒），1.25 μL 10 mmol/L dNTP 和 1.75 μL DEPC 水。充分混合后，于 PCR 仪中 42℃反应 60～90 min，然后 70℃反应 10 min，反应结束后，将反转录好的 cDNA 置于 −20℃保存备用。

2．PCR 扩增

以目的基因引物和内参基因引物对反转录好的模板进行 PCR 扩增。取已反转录好的 cDNA 模板，一般稀释 100 倍，用作 RT-PCR 模板。

（1）按照以下所列配制 PCR 体系，加一滴矿物油。

组分	2×PCR mix	CysP-F/Ub7-F	CysP-R/Ub7-R	模板 cDNA	ddH$_2$O	总计
体积（μL）	10	1	1	1	7	20

（2）设置 PCR 反应程序：95℃ 5 min；94℃ 30 s，55℃ 30 s，72℃ 1 min，循环 28 次；72℃ 8 min。

3．产物检测

扩增完毕后将扩增产物进行 1% 琼脂糖凝胶（含溴化乙锭）电泳检测。

五、注意事项

1．用于 RT-PCR 反应的模板总 RNA 要求完整性比较好，不能被降解。

2．一般利用 RT-PCR 反应进行不同样品间基因表达的比对时都要设置内参。

3．RT-PCR 反应比较灵敏，反应体系中各成分的用量需要参照不同公司产品的说明；退火温度的设定也要根据引物的退火温度而定，以防止不能出现目标带或出现非特异条带。

六、实验结果与分析

电泳结果如图 23-1 所示，由 *Ub7* 的扩增结果可知在不同样品中 *Ub7* 的表达量基本一致，说明不同植株中 RNA 的量一致。而目标基因在不同植株中的表达量呈现明暗变化，则说明目标基因在不同植株中的表达量不同。1～4、9 和对照（WT）相比表达量上升，5～8 和对照（WT）相比表达量下降。

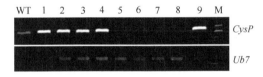

图 23-1　不同转基因植株的 *CysP* 的表达量检测

WT. 野生型；1～9. 转基因植株；M. 5kb 分子量标记

七、思考题

1. RT-PCR 跟常规 PCR 的区别有哪些？
2. 转基因植株进行 RT-PCR 检测时为什么要设置内参？

实验二十四　转基因植株 Northern 杂交分析

一、实验目的

1. 掌握 Northern 原理及操作流程。
2. 学会用标记探针杂交分析 RNA 样品中特定 mRNA 的大小及丰度。

二、实验原理

Northern 印迹杂交是在 Southern 印迹杂交的基础之上发展而来的一种技术。其基本原理是：将 RNA 样品通过琼脂糖凝胶按照分子量大小进行分离，再转移到固相支持载体上，用同位素或生物素标记的探针对固定于膜上的 mRNA 进行杂交，将具有阳性信号的位置与标准分子量分子进行比较，可知此 mRNA 的分子量大小，根据杂交信号的强弱可知基因表达的丰度。因此这一技术被广泛应用于基因的表达调控、结构和功能研究。

Northern 印迹基本原理与 Southern 印迹类似，但 RNA 变性方法与 DNA 不同，不能用碱变性，否则会引起 RNA 的水解。本实验以毛细管虹吸印迹法为例介绍 RNA 的转移过程，此方法稍加修改后也可用于 Southern 印迹。RNA 膜转移完成后，杂交方法和一般核酸分子杂交类似。

三、材料与用品

1. 实验材料

待测细胞总 RNA 或 mRNA。

2. 实验器具

电泳槽、电泳仪、微量移液器、手术刀片、镊子、紫外灯、滤纸、玻璃棒、硝酸纤维素膜、搪瓷盆、封口膜、吸水纸、玻璃板、重物、滤纸、烘箱、铝箔、保鲜膜、X 光片、0.2 μm 微孔滤膜、塑料或玻璃平台、0.5 mL 无 RNase 离心管等。

3. 实验试剂

（1）杂交探针：同位素 ^{32}P 或生物素标记。

（2）5× 甲醛凝胶缓冲液。

0.1 mol/L	MOPS（pH 7.0）
40 mmol/L	乙酸钠
5 mmol/L	EDTA（pH 8.0）

制备方法：取 20.6 g MOPS 溶于 800 mL 用 DEPC 处理过的 50 mmol/L 乙酸钠溶液中，用 2 mol/L NaOH 调节 pH 至 7.0，然后加入 10 mL 0.5 mol/L EDTA，加入 DEPC 预处理过的蒸馏水至 1000 mL，0.2 μm 微孔滤膜过滤，室温下避光保存。

（3）甲醛凝胶上样缓冲液。

1 mmol/L	EDTA（pH 8.0）
0.25%	溴酚蓝
0.25%	二甲苯青

DEPC 处理并高压灭菌，室温保存。

（4）100×Denhart's 溶液和 20×SSC 等预杂交、杂交所用试液与 Southern 印迹相同。

其他还有琼脂糖、甲醛、甲酰胺、标准分子量参照物（28S rRNA 和 18S rRNA）、溴化乙锭、DEPC、0.05 mol/L NaOH、去离子水、6×SSC 溶液、聚乙二醛、20 mmol/L Tris-HCl（pH 8.0）、显影液、定影液、ddH₂O 等。

四、实验步骤

1. 甲醛变性胶分离 RNA 样品

（1）将适量琼脂糖加热溶于水，冷却至 60℃，加入 5× 甲醛凝胶缓冲液和甲醛，使甲醛凝胶缓冲液和甲醛的终浓度分别为 1× 和 2.2 mol/L，在化学通风橱内灌制凝胶（电泳槽必须彻底冲洗干净）。

（2）取 1 个 0.5 mL 的无 RNase 离心管，按以下体积配制样品：

4.5 μL	RNA（总 RNA 30 μg，mRNA 0.3~3 μL）

2.0 μL　　　　5× 甲醛凝胶缓冲液

3.5 μL　　　　甲醛

10.0 μL　　　　甲酰胺

置 65℃保温 15 min 后迅速置冰浴中，4℃低温离心。

（3）用微量移液器加入 2 μL 甲醛凝胶上样缓冲液。

（4）上样前凝胶预电泳 5 min，然后将 RNA 样品立即移入加样孔中，另一加样孔加入标准分子量参照物（常用 28S rRNA 和 18S rRNA）。

（5）在 1× 甲醛凝胶缓冲液中电泳，恒压 3～4 V/cm，每 1～2 h 将阴、阳极电泳缓冲液混合一次。

（6）电泳结束后，切下分子量标准参照物条带，溴化乙锭染色，紫外灯下观察，照相。

2. Northern 印迹

（1）上述电泳后的凝胶一般不需进行处理即可直接进行印迹。含有甲醛的凝胶可用 DEPC 预处理过的水漂洗以去除所含的甲醛。如果凝胶较浓（大于 1%）、较厚（大于 0.5 cm）或待测 RNA 片段较大（大于 2.5 kb），可预先将凝胶置于 0.05 mol/L NaOH 溶液中浸泡 20 min，然后用 DEPC 处理过的水漂洗，最后用 20×SSC 浸泡 45 min。

（2）用手术刀片切除无用的凝胶部分。将凝胶的左下角切去，以便于定位。然后将凝胶置于一搪瓷盆中。

（3）在一塑料或玻璃平台上铺上一层 Whatman 3 mm 滤纸，此平台要求比凝胶稍大。将此平台置于一盛有 20×SSC 的搪瓷盆中。滤纸的两端要完全浸泡在溶液中。将滤纸用上述溶液浸润，用一玻璃棒将滤纸推平，并排除滤纸与玻璃之间的气泡。

（4）裁剪下一块与凝胶大小相同或稍大的硝酸纤维素膜。注意操作时要戴手套，可用镊子夹住膜对角进行操作，不可用手触摸滤膜，否则油腻的膜将不能被湿润，也不能结合 RNA。

（5）将硝酸纤维素膜漂浮在去离子水中，使其从底部完全湿润。然后置于 20×SSC 中至少 5 min。

（6）将中和后的凝胶上下颠倒后，置于上述铺上了 Whartman 3 mm 滤纸的平台中央。注意两者之间不要有气泡。

（7）在凝胶的四周用封口膜封严，以防止在转移过程产生短路（转移液直接从容器中流向吸水纸），从而使转移效率降低。

（8）将湿润的硝酸纤维素膜小心覆盖在凝胶上，膜的一端与凝胶的加样孔对齐，排除两者之间的气泡。相应地将膜的左下角剪去。注意膜一经与凝胶接触即不可再移动，因为从接触的一刻起，RNA 已经开始转移。

（9）将两张预先用 2×SSC 湿润过的与硝酸纤维素膜大小相同的 Whatman 3 mm

滤纸覆盖在硝酸纤维素膜上，排除气泡。

（10）裁剪一些与硝酸纤维素膜大小相同或稍小的吸水纸，厚 5～8 cm。将其置于 Whatman 3 mm 滤纸上。在吸水纸上放置一块玻璃板，其上压一个约 500 g 的重物。转移液将在吸水纸的虹吸作用下从容器中转移到吸水纸中，从而带动 RNA 从凝胶中转移到硝酸纤维素膜上。

（11）静置 6～18 h 使其充分转移，其间换吸水纸 1 或 2 次。

（12）弃去吸水纸和滤纸，将凝胶和硝酸纤维素膜置于一张干燥的滤纸上。用软铅笔或圆珠笔标明加样孔的位置。

（13）凝胶用溴化乙锭染色后在紫外线下检查转移的效率。硝酸纤维素膜浸泡至 6×SSC 溶液中 5 min 以去除琼脂糖碎块。

（14）硝酸纤维素膜用滤纸吸干。然后置于两层干燥的滤纸中，80℃烘烤 2 h。

（15）此硝酸纤维素膜即可用于下一步的杂交反应。如果不马上使用，可用铝箔包好，室温下置−20℃保存备用。

（16）对于聚乙二醛电泳的 RNA，在杂交前必须在 65℃下用 20 mmol/L Tris-HCl（pH 8.0）溶液清洗，以去除聚乙二醛分子。

3. 滤膜杂交

预杂交、杂交过程同 Southern 印迹。

4. 放射自显影

取出漂洗后的硝酸纤维素膜，用保鲜膜包裹。RNA 面朝上，置于暗盒中，将一块比杂交膜稍大的 X 光片压在保鲜膜上。−20℃，黑暗下放射自显影。一段时间（2 周）后取出 X 光片依次进行显影、停影和定影，最后用自来水冲洗后晾干。

五、注意事项

1. RNA 极易被环境中存在的 RNA 酶降解，因此应特别注意配置试剂要用 DEPC 处理；离心管使用无 RNase 管，操作要迅速。

2. 本实验叙述的转膜方法也基本适用于尼龙膜。另外，尼龙膜在碱性条件下与 RNA 结合，因此可用 7.5 mmol/L NaOH 作为转移液，转移效率会更高。

六、实验结果与分析

图 24-1A 为 Northern 杂交所用探针片段的检测。图 24-1B 为 Northern 检测不同基因在两个材料之间的表达差异分析。

七、思考题

1. Northern 印迹杂交的基本原理是什么？与 Southern 印迹杂交有何联系与区别？

2. Northern 印迹杂交与 RT-PCR 相比，有何特点？

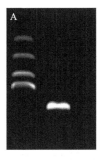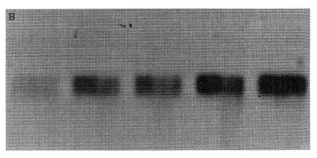

图 24-1　Northern 杂交探针检测（A）及基因表达量检测（B）

实验二十五　植物蛋白质的提取与浓度测定

一、实验目的

1. 掌握植物蛋白质提取的原理与方法。
2. 掌握蛋白质浓度测定的方法。

二、实验原理

三氯乙酸（TCA）为蛋白质变性剂，使蛋白质聚集沉淀；二硫苏糖醇（DTT）为还原剂，具有抗氧化的作用；尿素与硫脲为解聚剂，可以破坏非共价键结合的蛋白质，增强疏水蛋白的溶解，尿素对温度的要求较高，温度过高（>37℃）会使其分解，温度太低会析出；CHAPS 为表面活性剂；苯甲基磺酰氟（PMSF）为蛋白酶抑制剂，防止蛋白质降解；聚乙烯吡咯烷酮（PVP）的作用为去除组织中的酚；TCA/丙酮与丙酮的作用为去除盐离子、酚与多糖等杂质。

三、材料与用品

1. 实验材料

棉花植株幼嫩叶片。

2. 实验器具

研钵、离心管、离心机、移液枪、量筒、玻璃棒、Parafilm 封口膜、真空干燥仪、冰箱、天平、分光光度计、涡旋仪等。

3. 实验试剂

（1）10% TCA/丙酮提取液：称取 50 g TCA 溶于少量丙酮中，待溶解后用丙酮定容至 500 mL，加入 5 g（1%）二硫苏糖醇（DTT），混合均匀，置于-20℃保存。

（2）80% 丙酮：400 mL HPLC 级丙酮，加入 100 mL ddH₂O，加入 0.5 g（0.1%）DTT，置于-20℃保存。

（3）100% 丙酮：500 mL HPLC 级丙酮，加入 0.5 g DTT，置于-20℃保存。

（4）80% 甲醇：400 mL HPLC 级甲醇，加入 100 mL ddH$_2$O，加入 0.5 g（0.1%）DTT，置于−20℃保存。

（5）100% 甲醇：500 mL HPLC 级甲醇，加入 0.5 g DTT，置于−20℃保存。

（6）100% 乙酸铵甲醇（0.1 mol/L NH$_4$Ac＋0.1% DTT）：称取 3.85 g NH$_4$Ac 溶于 500 mL HPLC 级甲醇，加入 0.5 g DTT，混匀，置于−20℃保存。

（7）SDS extraction Buffer：0.1 mol/L Tris-HCl＋2% 十二烷基硫酸钠（SDS）＋30% 蔗糖（Sucrose）＋1% DTT（使用前加入）＋1 mmol/L PMSF（使用前加入）。

500 mL 的 SDS extraction Buffer 配制方法：用 500 mL 的烧杯称取 150 g 蔗糖溶于 300 mL ddH$_2$O 中，完全溶解后加入 10 g SDS，并加入 25 mL Tris-HCl 溶液（2 mol/L Tris-HCl pH 8.0），然后用 ddH$_2$O 定容至 500 mL。混匀后室温保存即可（SDS 低温易析出沉淀），使用前根据 SDS extraction Buffer 的取用量加入 DTT 与苯甲基磺酰氟（PMSF），使 DTT 终浓度为 1%，PMSF 终浓度为 1 mmol/L。

PMSF 先配成 100 mmol/L 的母液。配制方法：溶解 174 mg 的 PMSF 于足量的异丙醇中，定容到 10 mL。分成小份贮存于−20℃。

（8）lysis Buffer（10 mL）：

7 mol/L 尿素	4.2 g/10 mL
2 mol/L 硫脲	1.52 g/10 mL
4% CHAPS	0.4 g/10 mL
1% DTT	0.1 g/10 mL
0.2%（m/V）Bio-lyte	50 μL（40% 母液）/10 mL

50 mL lysis Buffer 配制方法：称取尿素 21 g、硫脲 7.6 g 与表面活性剂（CHAPS）2 g，加入 15 mL ddH$_2$O 搅拌溶解。用 ddH$_2$O 定容到 50 mL，混匀，要求没有气泡和颗粒。分装，每管 1 mL，−20℃保存。不能反复冻融，冻融后没用完的溶液只能丢弃。使用时从冰箱中取出，置于室温下融化。溶解蛋白时，在其中一管中加入 2 μL 100 mmol/L 的 PMSF，另一管中加入 0.02 g DTT 与 10 μL Bio-lyte（两性电解质）充分混匀。调整浓度时，再从冰箱中取出一管加入 0.01 g DTT 与 5 μL Bio-lyte 充分混匀。依据 pH 范围不同两性电解质被分成不同规格，应与所使用的胶条 pH 范围相一致。

（9）10%（m/V）SDS：称取 10 g 高纯度 SDS 置于 100～200 mL 烧杯中，加入约 80 mL 的 ddH$_2$O，68℃加热溶解，定容到 100 mL 后，室温保存。

其他还有蛋白质定量试剂盒 RC-DC protein assay (catalog 500-0119) 和蛋白质含量测定标准品（BSA）、液氮、PVP 等。

四、实验步骤

1. 蛋白质提取

（1）准备中号研钵，相关试剂 TCA/丙酮、80% 丙酮、100% 丙酮、100% 乙酸铵甲醇、80% 甲醇与 100% 甲醇等均需 -20℃预冷。研磨材料前预冷离心机到 4℃。

（2）液氮研磨材料（1.5~4 g），研磨过程中分两次共加入终浓度为 5%~10% 的 PVP（聚乙烯吡咯烷酮，作用为去除组织中的酚，可依据酚含量酌情增减），研磨成很细小的粉末即可，将粉末装入 50 mL 离心管中（勺子尽可能伸入管中，避免粉末粘在管口，速度要快，随后放入液氮中）。

（3）将研磨好的材料置于冰上，加入预冷的 30 mL TCA/丙酮（加入 DTT），剧烈振荡 15 min，边振荡边放入冰中，避免温度过高。可在 -20℃冰箱中放置 1 h，效果更好。

（4）4℃离心机中离心，转速 10 000 r/min，离心 15 min。

（5）弃上清，加入 30 mL 预冷的 80% 丙酮（先加入 2 mL 将沉淀用干净的玻璃棒捣碎重悬，然后再加入剩余的部分），振荡 15 min，边振荡边放入冰中。4℃离心机中离心，转速 10 000 r/min，离心 15 min。

（6）弃上清，加入 30 mL 预冷 100% 丙酮（先加入 2 mL 将沉淀用干净的玻璃棒捣碎重悬，然后再加入剩余的部分），振荡 15 min，边振荡边放入冰中。4℃离心机中离心，转速 10 000 r/min，离心 15 min。

（7）弃上清，用 Parafilm 封口膜将离心管口封住，并用枪头扎出一些小洞，放置于冰上真空干燥 10~15 min，干燥后可放入 -70℃保存。

（8）在真空干燥后的沉淀中加入 SDS extraction Buffer 15 mL，Tris-饱和酚 15 mL，1% DTT 与 1%（150 μL 100 mmol/L）PMSF，常温摇晃或放置 1 h，离心 30 min，吸取酚层（上层），吸完后置于冰上，加入 5 倍体积 0.1 mol/L 预冷的 100% 乙酸铵甲醇摇匀，-20℃冰箱放置过夜。

（9）4℃离心机中离心，转速 10 000 r/min，离心 1 min。

（10）轻轻倒掉上清，加入 30 mL 预冷的 80% 甲醇（先加入 2 mL 将沉淀用干净的玻璃棒捣碎重悬，然后再加入剩余的部分），摇 15 min，边摇边放入冰中。4℃离心机中离心，转速 10 000 r/min，离心 15 min，用移液枪吸去上清后留下沉淀。然后加入 30 mL 预冷的 100% 甲醇，摇匀后离心，吸取上清后留下沉淀（操作同上）。加入 30 mL 预冷的 100% 丙酮，摇匀后离心，吸取上清后留下沉淀（操作同上）。

（11）冰上真空干燥 10~15 min，用枪头将沉淀拨散。

（12）干燥的粉末用 500 μL lysis Buffer 溶解（常温溶解 1 h 以上）。24℃离心机中离心，转速 20 000 r/min，离心 20 min（或者 17℃离心机中离心，转速 15 000 r/min，离心 15 min），取上清。

标注：① SDS extraction Buffer：提供缓冲环境；② Tris-饱和酚：分层，同时让蛋白质溶解在酚层中；③ lysis Buffer 使用前加入两性电解质。

2. 蛋白质浓度测定

标准曲线绘制：用 RC-DC protein assay（catalog 500-0119 试剂盒提供），微离心管检测法（1.5 mL）测定。

（1）将 5 μL DC 试剂 S 与 250 μL DC 试剂 A 混合为试剂 A₁。

（2）将标准蛋白质稀释为 3～5 份，配制成 0.2～1.5 mg/mL 范围内的梯度标准溶液（表 25-1）。

（3）从每份样品（稀释 5 倍或依量而定）与标准液中各取出 25 μL，加到 1.5 mL 离心管中。

（4）每管加入 125 μL RC Reagent Ⅰ，涡旋后室温放 1 min。

（5）每管加入 125 μL RC Reagent Ⅱ，涡旋后，15 000 r/min 离心 3～5 min。

（6）吸去上清，将离心管倒置于干净吸水纸上，使溶液被彻底吸干。

（7）每管加入 127 μL 试剂 A₁，涡旋后室温放置 5 min，至沉淀溶解，在进行下一步前再次涡旋。

（8）加入 1 mL DC 试剂 B，立即混匀，室温放 15 min。

（9）750 nm 下读取吸光值。

表 25-1　将标准蛋白质稀释为标准溶液配方

组分	管号				
	1	2	3	4	5
BSA（1.4 mg/mL）	5 μL	10 μL	15 μL	20 μL	25 μL
ddH₂O	20 μL	15 μL	10 μL	5 μL	0 μL
蛋白质浓度（mg/mL）	0.28	0.56	0.84	1.12	1.4

五、注意事项

1. 蛋白质提取过程中，所有试剂均用 ddH₂O 配制，所有容器均用 ddH₂O 清洗干净，确保无蛋白质污染。

2. TCA/丙酮、80% 丙酮等相关试剂需加入 DTT，并在 −20℃预冷。蛋白质提取过程中尽量保持低温操作。

3. PMSF 为蛋白酶抑制剂，有剧毒，操作时应格外小心。

六、实验结果与分析

蛋白质浓度检测结果：以配制好的蛋白质标准溶液的浓度为横坐标，吸光度值为纵坐标绘制标准曲线。读取样品蛋白质的吸光度值，根据标准曲线获取该吸光度值所对应的蛋白质浓度（测定的样品蛋白质若经过稀释，则需根据稀释倍数，计算相应的原液浓度）。

七、思考题

1. 三氯乙酸（TCA）沉淀蛋白质的原理是什么？

2. 提取过程中丙酮起到了什么作用？使用丙酮时有什么注意事项？

3. 影响蛋白质提取效率的主要因素有哪些？

实验二十六 转基因植株 Western 杂交分析

一、实验目的

1. 掌握 Western 原理及实验步骤。

2. 学会利用 Western 检测外源基因在受体材料中蛋白质的表达情况。

二、实验原理

1. SDS-聚丙烯酰胺凝胶（SDS-PAGE）的制作

SDS-PAGE 一般采用的是不连续缓冲系统，与连续缓冲系统相比，能够有较高的分辨率。不连续体系由电极缓冲液、浓缩胶及分离胶组成。

浓缩胶有堆积作用，凝胶浓度较小，孔径较大，把较稀的样品加在浓缩胶上，经过大孔径凝胶的迁移作用而被浓缩至一个狭窄的区带。分离胶的凝胶浓度较大，孔径较小，经 SDS 变性后的蛋白质主要通过蛋白质分子量大小差异起到分离作用。

2. Western 检测目的蛋白质表达水平

Western 与 Southern 或 Northern 杂交方法类似，被检测物是蛋白质，"探针"是抗体，"显色"用标记的二抗。经过 PAGE 分离的蛋白质样品，转移到固相载体（如硝酸纤维素薄膜）上，固相载体以非共价键形式吸附蛋白质，且能保持电泳分离的多肽类型及其生物学活性不变。以固相载体上的蛋白质或多肽作为抗原，与对应的抗体起免疫反应，再与酶或同位素标记的第二抗体起反应，经过底物显色或放射自显影检测电泳分离的特异性目的基因表达的蛋白质。

三、材料与用品

1. 实验材料

转基因棉花植株幼嫩叶片提取的蛋白质。

2. 实验器具

镊子、微量移液器、离心管、PVDF 膜、转膜槽、玻璃皿、滤纸、电泳仪、天平、黑色海绵、电泳槽、摇床、烘箱、水浴锅、扫描仪等。

3. 实验试剂

（1）5×SDS Loading Buffer（5 mL）

1 mmol/L Tris-HCl, pH 6.8	1.25 mL
50%（V/V）甘油	2.5 mL

10%（m/V）SDS		0.5 g
0.5%（m/V）溴酚蓝		25 mg
5%（V/V）β-巯基乙醇		250 μL

加 ddH$_2$O 定容至 5 mL，小份（500 μL/份）分装后，于室温保存。使用前将 25 μL 的 β-巯基乙醇加到每小份中，−20℃保存。

（2）不同体积分离胶和不同体积浓缩胶各成分所需体积见表 26-1，表 26-2。

表 26-1　不同体积分离胶各成分所需体积（mL）

组分	12% 分离胶溶液 5 mL	15% 分离胶溶液 5 mL	15% 分离胶溶液 5 mL
聚丙烯酰胺溶液	2（30% 聚丙烯酰胺）	2.5（30% 聚丙烯酰胺）	1.9（40% 聚丙烯酰胺）
1.5 mol/L Tris-HCl（pH 8.8）	1.27	1.27	1.27
10% SDS	0.05	0.05	0.05
ddH$_2$O	1.63	1.13	1.73
10% 过硫酸铵（APS）	0.05	0.05	0.05
TEMED	0.002	0.002	0.002

表 26-2　不同体积浓缩胶各成分所需体积（mL）

组分	4.5% 浓缩胶溶液 2 mL	4.5% 浓缩胶溶液 4 mL	4.5% 浓缩胶溶液 2 mL
聚丙烯酰胺溶液	0.3（30% 聚丙烯酰胺）	0.6（30% 聚丙烯酰胺）	0.25（40% 聚丙烯酰胺）
0.5 mol/L Tris-HCl（pH 6.8）	0.5	1	0.5
10% SDS	0.02	0.04	0.02
ddH$_2$O	1.16	2.32	1.24
10% 过硫酸铵（APS）	0.02	0.04	0.02
TEMED	0.002	0.004	0.002

其他试剂还有 Tris-HCl、10% SDS 溶液（m/V）、β-巯基乙醇、30% 聚丙烯酰胺溶液、一抗、二抗、甘氨酸、甲醇、0.5% BSA、1×PBS、吐温 20、ddH$_2$O、DAB 试剂盒等。

四、实验步骤

（1）配制 SDS-PAGE 聚丙烯酰胺凝胶分离胶和浓缩胶：以一块 1 mm 厚的小胶为例，首先配制 5 mL 分离胶，灌入垂直胶板中，上层加 1~2 mL ddH$_2$O 封闭，室温放置 30 min 至充分凝固。配制 2 mL 浓缩胶，吸干上层的水，灌入浓缩胶液，然后插入 1 mm 厚度的梳子，室温静置 30 min 以上充分凝固即可使用。

（2）配制 Tris-甘氨酸电泳缓冲液：称取 14.4 g 甘氨酸、3 g Tris-HCl 放入 1 L

ddH$_2$O 中，混匀溶解后再加入 1 g SDS，轻轻晃动溶解，避免过多泡沫产生。

（3）蛋白质样品电泳：将蛋白质样品加 5×SDS Loading Buffer 混匀，沸水浴变性 5～10 min。PAGE 胶和塑料挡板组装成样品槽，加入 Tris-甘氨酸电泳缓冲液直至没过点样孔，拔掉梳子点样，1 mm 厚的 PAGE 胶点样体积不超过 30 μL，以免串样。然后在电泳槽内加入适量电泳缓冲液直至没过样品槽底部，安装好电源后先于 80 V 电泳至样品跑成一条线并进入分离胶，然后转换电压至 120 V，当 5×Loading Buffer 的蓝色条带跑到凝胶的最下端时，电泳结束。

（4）转膜缓冲液配制：200 mL 甲醇＋800 mL ddH$_2$O 混匀至 1 L，加入 14.4 g 甘氨酸、3 g Tris-HCl，充分混匀，4℃存放。

（5）SDS-PAGE 结束后的凝胶用预冷的转膜缓冲液浸泡 5～10 min，期间根据样品数目和目的蛋白质位置确定凝胶大小，并裁取相应大小的 PVDF 膜，甲醇浸泡 5 min（这一步目的是将 PVDF 膜活化使其高效结合蛋白质），然后转移到预冷的转膜缓冲液中浸泡备用。

（6）按照图 26-1A 图所示，在带孔的夹子黑色面从下往上依次放置：黑色海绵、双层滤纸、凝胶、PVDF 膜、双层滤纸、黑色海绵（一定注意凝胶和膜的顺序，凝胶贴近夹子黑面），扣紧夹子，按图 26-1B 所示方向放入卡槽内部，注意夹子黑面对准卡槽的黑面。

（7）装好的卡槽放入电泳槽中，灌满转膜缓冲液使整个夹片被完全浸没，盖好盖子，恒流 200 mA、冰上或者 4℃电泳 2 h 左右。

（8）电泳结束后将膜小心取出，用 5～10 mL 含有 0.5% BSA 的 1×PBS 溶液常温孵育 1 h，然后按照合适比例加入一抗（一般商业化抗体按 1∶10 000 比例稀释即可，效价较低的稀释倍数降低），放置摇床上常温孵育 3 h 或者 4℃过夜。

（9）用 PBST 溶液［PBS 溶液中含有 0.1%（V/V）的吐温 20］将膜漂洗 3～5 遍，每遍 5～10 min。然后将膜放入 5～10 mL 的 1×PBS 溶液中，按合适比例添加二抗（一般商业化抗体按 1∶10 000 比例稀释即可，效价较低的稀释倍数降低），放置摇床上常温孵育 3 h，用 PBST 溶液将膜漂洗 3～5 遍，每遍 5～10 min。

（10）漂洗干净的膜用 DAB 试剂盒进行显色，显色时间 5～30 min，显色后的膜可用漂洗过程最后一遍的 PBST 溶液清洗后于 30℃烘箱烘干，扫描或者拍照保存。

五、注意事项

1. 梳子插入浓缩胶时，应确保没有气泡，梳子拔出来时不要破坏加样孔。

2. 上样时，小心不要使样品溢出而污染相邻加样孔。

3. 取出凝胶后应注意分清上下，可用刀片切去凝胶的一角作为标记。

4. 转膜过程中，凝胶、PVDF 膜和滤纸之间不能产生气泡。

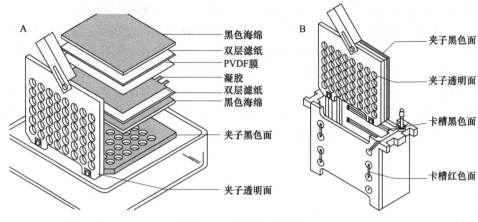

图 26-1　电泳槽示意图

六、实验结果与分析

在基因序列的 N 或 C 端连上标签序列（如 Myc），提取转基因植株的蛋白质，利用 Anti-Myc 抗体通过 Western 观察蛋白质表达情况，从而筛选出不同蛋白质表达水平的转基因株系，如图 26-2 所示，阳性材料 1 的蛋白质表达水平最高。

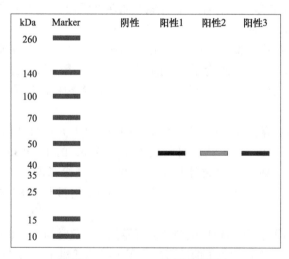

图 26-2　Western 结果示意图

七、思考题

1. Western 实验中加入的一抗和二抗的作用分别是什么？

2. Western 电泳条带出现"微笑"条带的原因及解决方法是什么？

3. Western 结果显示膜上有正确条带，但是背景特别黑，可能是什么原因造成的？

参 考 文 献

郭梦姚, 吴靖芳. 2020. 大肠杆菌感受态细胞制备及转化研究现状. 河北北方学院学报（自然科学版）, 36 (8): 44-48.

郭晓丽. 2010. 大肠杆菌 DH5α 生长状态的研究. 衡水学院学报, 12 (1): 52-53, 88.

谢翎, 陈红梅, 尹翀, 等. 2011. 大肠杆菌 DH5α 菌株感受态制备及转化率变化研究. 生物学杂志, 28 (4): 4-6.

周玉亭, 曹建斌. 2010. α-互补与蓝白斑筛选机制的探究. 生物技术通报, (8): 218-221.

Burnette W N. 1981. Western Blotting: electrophoretic transfer of proteins from sodium dodecyl sulfate-polyacrylamide gels to unmodified nitrocellulose and radiographic detection with antibody and radioiodinated protein A. Analytical Biochemistry, 112 (2): 195-203.

Gabant P, Drèze P L, van Reeth T, et al. 1997. Bifunctional lacZ alpha-ccdB genes for selective cloning of PCR products. Biotechniques, 23 (5): 938-941.

Gao W, Long L, Zhu L F, et al. 2013. Proteomic and virus-induced gene silencing (VIGS) analyses reveal that gossypol, brassinosteroids, and jasmonic acid contribute to the resistance of cotton to *Verticillium dahliae*. Molecular & Cell Proteomics, 12 (12): 3690-3703.

Green M R, Sambrook J. 2019. Polymerase chain reaction (PCR) amplification of GC-rich templates. Cold Spring Harbor Protocols, 2019 (2). doi: 10. 1101/pdb. prot095141.

Hossenlopp P, Seurin D, Segovia-Quinson B, et al. 1986. Analysis of serum insulin-like growth factor binding proteins using Western blotting: use of the method for titration of the binding proteins and competitive binding studies. Analytical Biochemistry, 154: 138-143.

Jin S, Zhang X, Liang S, et al. 2005. Factors affecting transformation efficiency of embryogenic callus of Upland cotton (*Gossypium hirsutum*) with *Agrobacterium tumefaciens*. Plant Cell Tissue and Organ Culture, 81 (2): 229-237.

Jin S, Zhang X, Nie Y, et al. 2006. Identification of a novel elite genotype for *in vitro* culture and genetic transformation of cotton. Biologia Plantarum, 50 (4): 519-524.

Lessard J C. 2013. Growth media for *E. coli*. Methods in Enzymology, 533: 181-189.

Liu D, Tu L, Wang L, et al. 2008. Characterization and expression of plasma and tonoplast membrane aquaporins in elongating cotton fibers. Plant Cell Reports, 27: 1385-1394.

Megan B , Guthrie C. 2013. Chapter twenty five-colony PCR. Methods in Enzymology, 529: 299-309.

Michelmore R W, Paran I, Kesseli R V. 1991. Identification of markers linked to disease-resistance genes by bulked segregant analysis: a rapid method to detect markers in specific genomic regions by using segregating populations. Proceedings of the National Academy of Sciences of the

United States of America, 88 (21): 9828-9832.

Pall G S, Hamilton A J. 2008. Improved northern blot method for enhanced detection of small RNA. Nature Protocols, 3 (6): 1077-1084.

Pan Y, Zhang R, Sun A, et al. 2014. Effects of in-frame and frame-shift inserts on the colors of colonies in beta-gal based blue/white screening assay. Science of Advanced Materials, 6 (4): 817-821.

Paz M, Martinez J C, Kalvig A, et al. 2006. Improved cotyledonary node method using an alternative explant derived from mature seed for efficient *Agrobacterium*-mediated soybean transformation. Plant Cell Reports, 25: 206-213.

Sun L, Alariqi M, Zhu Y, et al. 2018. Red fluorescent protein (DsRed2), an ideal reporter for cotton genetic transformation and molecular breeding. The Crop Journal, 6 (4): 366-376.

Sun Y, Zhang X, Huang C, et al. 2005. Plant regeneration via somatic embryogenesis from protoplasts of six explants in Coker 201 (*Gossypium hirsutum*). Plant Cell Tissue and Organ Culture, 82 (3): 309-315.

Vieira J, Messing J. 1991. New pUC-derived cloning vectors with different selectable markers and DNA replication origins. Gene, 100: 189-194.

Wang S C, Basten C J, Zeng Z B. Windows QTL Cartographer 2. 5. 2012. Raleigh, NC: Department of Statistics, North Carolina State University. [2012-08-01]. http://statgen. ncsu. edu/qtlcart/ WQTLCart. htm.

Woodman M E, Savage C R, Arnold W K, et al. 2016. Direct PCR of intact bacteria (colony PCR). Current Protocols in Microbiology, 42 (1): A. 3D. 1-A. 3D. 7.

Yao Y, Yang Y W, Liu J Y. 2006. An efficient protein preparation for proteomic analysis of developing cotton fibers by 2-DE. Electrophoresis, 27 (22): 4559-4569.

Zhang S, Xu Z, Sun H, et al. 2019. Genome-wide identification of papain-like cysteine proteases in Gossypium hirsutum and functional characterization in response to *Verticillium dahliae*. Frontiers in Plant Science, 10: 134.

Zhou X, Li Q, Chen X, et al. 2011. The *Arabidopsis* RETARDED ROOT GROWTH gene encodes a mitochondria-localized protein that is required for cell division in the root meristem. Plant Physiology, 157 (4): 1793-1804.

附录 农杆菌介导水稻遗传转化实验的溶液配方

（1）MS$_{max}$储备液（10×）：

NH_4NO_3	16.5 g
KH_2PO_4	1.7 g
KNO_3	19.0 g
$MgSO_4 \cdot 7H_2O$	3.7 g
$CaCl_2 \cdot 2H_2O$	4.4 g

逐个溶解，然后加蒸馏水定容至1 L。

（2）MS$_{min}$储备液（100×）：

$MnSO_4 \cdot 4H_2O$	2.23 g
$ZnSO_4 \cdot 7H_2O$	0.86 g
H_3BO_3	0.62 g
KI	0.083 g
$Na_2MoO_4 \cdot 2H_2O$	0.025 g
$CoCl_2 \cdot 6H_2O$	0.0025 g
$CuSO_4 \cdot 5H_2O$	0.0025 g

$Na_2MoO_4 \cdot 2H_2O$单独溶解，再与其他组分混合，加蒸馏水定容到1 L，室温保存。

（3）N$_{6max}$储备液（10×）：

KNO_3	28.3 g
KH_2PO_4	4.0 g
$(NH_4)_2SO_4$	4.63 g
$MgSO_4 \cdot 7H_2O$	1.85 g
$CaCl_2 \cdot 2H_2O$	1.66 g

逐个溶解，然后加蒸馏水定容到1 L。

（4）N$_{6min}$储备液（100×）：

$MnSO_4 \cdot 4H_2O$	0.44 g
$ZnSO_4 \cdot 7H_2O$	0.15 g
H_3BO_3	0.16 g
KI	0.08 g

逐个溶解，然后加蒸馏水定容到1 L。

（5）Fe^{2+}-EDTA储备液（100×）：在一个试剂瓶中加入300 mL蒸馏水，然后加入2.78 g的$FeSO_4 \cdot 7H_2O$；在另一试剂瓶中加入300 mL蒸馏水，并加热到

70℃，然后加入 3.73 g 的 Na$_2$-EDTA · 2H$_2$O。都溶解好后，将两个试剂瓶中的溶液混合，在 70℃ 保温 2 h，然后加蒸馏水定容至 1 L，4℃ 避光保存。

（6）维生素储备液（100×）：

烟酸	0.1 g
VB$_6$	0.1 g
VB$_1$	0.1 g
甘氨酸	0.2 g
肌醇	10 g

加蒸馏水定容到 1 L，4℃ 保存。

（7）6-BA 储备液（1 mg/mL）：6-BA 100 mg 加入 1.0 mL 1 mol/L KOH 搅拌至 6-BA 完全溶解，然后加蒸馏水定容到 100 mL，4℃ 保存。

（8）KT 储备液（1 mg/mL）：KT 100 mg 加入 1.0 mL 1 mol/L KOH 搅拌至 KT 完全溶解，然后加蒸馏水定容到 100 mL，4℃ 保存。

（9）2, 4-D 储备液（1 mg/mL）：2, 4-D 100 mg 加入 1.0 mL 1 mol/L KOH 搅拌 5 min，然后加 10 mL 蒸馏水搅拌至 2,4-D 完全溶解，用蒸馏水定容至 100 mL，4℃ 保存。

（10）IAA 储备液（1 mg/mL）：IAA 100 mg 加入 1.0 mL 1 mol/L KOH 搅拌至 IAA 完全溶解，然后用蒸馏水定容至 100 mL，4℃ 避光保存。

（11）NAA 储备液（1 mg/mL）：NAA 100 mg 加入 1.0 mL 1 mol/L KOH 搅拌至 NAA 完全溶解，然后用蒸馏水定容到 100 mL，4℃ 避光保存。

（12）200 mmol/L AS 储备液：AS 0.39 g 溶解于 10 mL DMSO 中，用 1.5 mL 离心管分装，−20℃ 保存。

（13）1 mol/L KOH 储备液：KOH 5.6 g 用 100 mL 蒸馏水溶解，室温保存。

（14）250 mg/mL Cn：Cn 2.5 g 在超净台工作中加入灭菌蒸馏水至终体积为 10 mL，完全溶解，−20℃ 保存。

（15）50 mg/mL Kan：Kan 0.5 g 在超净工作台中加入灭菌蒸馏水至终体积为 10 mL，完全溶解，−20℃ 保存。

（16）50% 葡萄糖：葡萄糖 50 g 加入蒸馏水溶解，定容至 100 mL，121℃ 灭菌 15 min，4℃ 保存。

（17）诱导培养基：

N$_{6\,max}$ 储备液（10×）	100 mL
N$_{6\,min}$ 储备液（100×）	10 mL
Fe^{2+}-EDTA 储备液（100×）	10 mL
维生素储备液（100×）	10 mL
2, 4-D 储备液	2.5 mL
脯氨酸	0.6 g
CH	0.8 g

| 蔗糖 | 30 g |
| Phytagel | 3 g |

先加入 900 mL 蒸馏水，用 1 mol/L KOH 调至 pH 为 5.8，加蒸馏水定容至 1 L，然后煮沸分装至 100 mL 三角瓶，高压灭菌。

（18）悬浮培养基：

$N_{6\,max}$ 储备液（10×）	12.5 ml
$N_{6\,min}$ 储备液（100×）	1.25 ml
Fe^{2+}-EDTA 储备液（100×）	1.25 ml
维生素储备液（100×）	2.5 ml
2,4-D 储备液	0.625 ml
脯氨酸	0.15 g
CH	0.2 g
蔗糖	5 g

用 1 mol/L KOH 调至 pH 为 5.2，加蒸馏水定容至 250 mL，高压灭菌，使用时加入 5 mL 50% 葡萄糖与 250 μL AS 储备液。

（19）共培养基：

$N_{6\,max}$ 储备液（10×）	12.5 mL
$N_{6\,min}$ 储备液（100×）	1.25 mL
Fe^{2+}-EDTA 储备液（100×）	1.25 mL
维生素储备液（100×）	2.5 mL
2,4-D 储备液	0.625 mL
脯氨酸	0.15 g
CH	0.2 g
蔗糖	7.5 g
琼脂粉	2 g

先加入 200 mL 蒸馏水，用 1 mol/L KOH 调至 pH 为 5.6，加蒸馏水定容至 250 mL，高压灭菌。使用之前加入 5 mL 50% 葡萄糖与 250 μL AS 储备液。

（20）筛选培养基：

$N_{6\,max}$ 储备液（10×）	25 mL
$N_{6\,min}$ 储备液（100×）	2.5 mL
Fe^{2+}-EDTA 储备液（100×）	2.5 mL
维生素储备液（100×）	2.5 mL
2,4-D 储备液	0.625 mL
脯氨酸	0.15 g
CH	0.2 g
蔗糖	7.5 g

琼脂粉   2 g

先加入 200 mL 蒸馏水，用 1 mol/L KOH 调至 pH 为 6.0，加蒸馏水定容至 250 mL，高压灭菌。使用时加入 250 μL Hn（50 mg/mL）和 500 μL Cn（250 mg/mL），倒入灭菌的平皿中，超净台上吹干约 2 h 使用。

（21）分化培养基：

MS $_{max}$ 储备液（10×）	100 mL
MS $_{min}$ 储备液（100×）	10 mL
Fe^{2+}-EDTA 储备液（100×）	10 mL
维生素储备液（100×）	10 mL
KT 储备液	2.0 mL
NAA 储备液	0.2 mL
脯氨酸	0.6 g
CH	0.8 g
山梨醇	30 g
蔗糖	30 g
Phytagel	3.0 g

先加入 900 mL 蒸馏水，用 1 mol/L KOH 调至 pH 为 5.8，补蒸馏水定容至 1 L，然后煮沸分装至 100 mL 三角瓶，高压灭菌。

（22）生根培养基：

MS $_{max}$ 储备液（10×）	50 mL
MS $_{min}$ 储备液（100×）	5 mL
Fe^{2+}-EDTA 储备液（100×）	5 mL
维生素储备液（100×）	5 mL
蔗糖	20 g
Phytagel	3.0 g

先加入 900 mL 蒸馏水，用 1 mol/L KOH 调至 pH 为 5.8，加蒸馏水定容至 1 L，然后煮沸分装至生根管，高压灭菌。